Inhalt

Ein Weibchen der Schwarzen Mörtelbiene (*Megachile parietina*) streift Pollen aus der Bauchbürste in die gemörtelte Nistzelle. Die Art ist in Deutschland vom Aussterben bedroht.

Faszination Wildbienen

Start ins Bienenjahr: Eine Fuchsrote Sandbiene (*Andrena fulva*) sammelt gelben Weidenpollen in der schwarzen Beinbürste.

Noch immer verbinden viele Menschen mit dem Begriff „Biene" die Honigbiene (*Apis mellifera*), die von Imkern als Nutztier gehalten wird. Doch in jüngerer Zeit rückt die große Bedeutung der Wildbienen in der heimischen Natur immer stärker ins öffentliche Bewusstsein. Mindestens 570 Wildbienenarten sind in Deutschland heimisch. Faszinierend ist vor allem die unglaubliche Vielfalt ihrer Lebensweisen. Jede tiefere Beschäftigung mit diesen Tieren fördert spannende Lebensgeschichten zutage und liefert damit auch wertvolle Einblicke in ökologische Zusammenhänge.

Die Honigbiene ist die einzige Biene in Deutschland, die in mehrjährigen Völkern mit vielen Tausend Arbeiterinnen lebt und Honig produziert. Fast alle Wildbienen leben hingegen solitär. Jedes Weibchen sorgt also allein für seinen Nachwuchs vor, indem es Pollen und Nektar sammelt und in Brutzellen deponiert. Ausnahmen mit einer relativ niedrigen Stufe sozialer Lebensweise gibt es bei einigen Schmal- und Furchenbienen (Gattungen *Lasioglossum* und *Halictus*) und insbesondere bei Hummeln (*Bombus*), die Sommervölker mit einigen Hundert Arbeiterinnen aufbauen.

Der Körper ist im Grunde bei allen Bienen gleich gebaut, und zwar dreigeteilt in Kopf, Brust (Thorax) und Hinterleib. Am Thorax setzen die beiden Flügelpaare und die drei Beinpaare an. Der Hinterleib ist

Gewöhnlicher Natternkopf – *Echium vulgare*
(Raublattgewächse – Boraginaceae)
—
Glänzende und Matte Natternkopf-Mauerbiene (olig.), S. 74/75;
Dünen-Pelzbiene S. 115;
zahlreiche weitere polylektische Arten.

Gewöhnliche Ochsenzunge – *Anchusa officinalis*
(Raublattgewächse – Boraginaceae)
—
Ochsenzungen-Seidenbiene (olig.), S.19;
Ochsenzungen-Sandbiene (olig.), S. 39;
Dünen-Pelzbiene, S. 115.

Gewöhnlicher Gilbweiderich – *Lysimachia vulgaris*
(Primelgewächse – Primulaceae)
—
Auen-Schenkelbiene (olig.), S. 60.

Besenheide – *Calluna vulgaris*
(Heidekrautgewächse – Ericaceae)
—
Heidekraut-Seidenbiene, S. 20;
Heidekraut-Sandbiene (olig.), S. 40.

durch die typische Wespentaille vom Thorax abgesetzt und damit sehr beweglich. Er ist außerdem in sechs (bei Männchen sieben) Segmente gegliedert. Weibliche Bienen haben einen Stachel, den sie aber nur im Notfall einsetzen. Eher ergreifen sie die Flucht. Ihr Gift ist weitaus schwächer als das der Honigbiene. Bei vielen kleineren Arten durchdringt der Stachel nicht einmal die menschliche Haut.
Vielfältige Anpassungen zeigen Bienen in der Form ihrer Einrichtungen zum Pollentransport. Die meisten Arten nutzen dafür eine Bürste (Scopa) aus dichten Haaren an den Hinterbeinen, oft auch zusätzlich speziell behaarte Bereiche am Körper. Hier wird der Pollen trocken, also sichtbar körnig, angereichert. In einigen Fällen wird er aber feucht, bereits mit Nektar vermengt, transportiert. Hummeln und Honigbienen haben spezielle Körbchen an der Außenseite der Hinterschienen, in denen der feuchte Pollen von einem Kranz aus Haaren gehalten wird. Bauchsammlerbienen speichern den Pollen unter dem Hinterleib in einer Bauchbürste, die weiß, gelb, rot, schwarz oder sogar bunt gefärbt sein kann. In jeder Nistzelle formen die meisten Bienen aus dem proteinreichen Pollen und zuckerhaltigem Nektar eine Masse, an der sie ein Ei deponieren. Die Brutzelle wird dann verschlossen.

Blick in drei unterschiedlich weit entwickelte Liniennester der Rostroten Mauerbiene (*Osmia bicornis*). Links oben sind die länglichen weißen Eier zu sehen, in den Zellen weiter rechts sind schon Junglarven geschlüpft. In der mittleren Reihe fressen Larven mittleren Alters. Unten hat die ausgewachsene Larve in der Mitte den gesamten Pollenvorrat verzehrt, rechts daneben sind bereits zwei braune Kokons erkennbar.

Aus dem Ei schlüpft die Larve, frisst fortwährend von dem Vorrat, wächst heran und spinnt einen Kokon, in dem sie sich verpuppt. Aus der Puppe schlüpft schließlich die erwachsene Biene.

Pollen und Nektar sammeln die Bienen an Blüten mit sehr unterschiedlichen Strategien: Einige Arten sind polylektisch, also wenig oder gar nicht spezialisiert in der Wahl der Nahrungsquellen. Andere Arten sind oligolektisch – das bedeutet, sie können nur den Pollen einer bestimmten Pflanzenfamilie oder sogar nur einer Gattung verwerten. Solche Arten sind unmittelbar auf das Vorkommen ihrer Nahrungspflanzen angewiesen. Alle Wildbienen – Männchen und Weibchen – suchen Blüten außerdem auf, um ihren eigenen Energiebedarf mithilfe von Nektar zu decken. Und noch etwas macht Blüten attraktiv: Sie können als Rendezvousplätze zur Partnerfindung dienen. Daher sieht man oft Bienenmännchen rastlos entlang bestimmter Bahnen um die Blüten fliegen, stets darauf gefasst, sich auf ein Weibchen zu stürzen. Bei mehreren Wollbienenarten (*Anthidium*) bilden die Männchen sogar Reviere an den Blütenpflanzen, aus denen sie andere Blütenbesucher aggressiv vertreiben.

Neben dem Blütenangebot ist für Wildbienen die Verfügbarkeit geeigneter Nistplätze ganz entscheidend. Die Weibchen sehr vieler Arten graben ihre Nester in den Boden –

Streng oligolektisch und stark gefährdet: ein Weibchen der Kleinen Spiralhornbiene (*Systropha curvicornis*) bei der Pollenernte an Acker-Winde (*Convolvulus arvensis*).

in offenen Dünensand, verdichtete Feldwege, lehmige Steilwände oder sogar in Blumenbeete. Andere nutzen vorhandene Hohlräume in Pflanzenstängeln, in Mauern, im Totholz oder im Boden. Einige von ihnen lassen sich durch das Aufstellen von Nisthilfen mit gebohrten Löchern in Holzblöcken, zurechtgeschnittenen Bambusröhrchen, Schilfhalmen und Fächern mit einem nicht zu harten Sand-Lehm-Gemisch auch im Garten fördern. Voraussetzung ist unter anderem, dass die Nisthilfe stets nach Südosten oder Süden ausgerichtet ist, denn Bienen sind für ihre Entwicklung auf Sonnenwärme angewiesen. Es gibt aber auch Spezialisten, die nur leere Schneckenhäuser besiedeln oder aufwendige Freinester an Felsen und Mauern mörteln. Neben dem Nistplatz ist oft zusätzlich das Nistmaterial äußerst bedeutsam: Wollbienen nutzen die „Pflanzenwolle" kräftig behaarter Pflanzen. Viele Arten formen die Zwischenwände und Nestverschlüsse aus feuchtem Lehm, andere zerkauen Pflanzenteile („Pflanzenmörtel"), einige verwenden Baumharz als Baumaterial. Blattschneiderbienen kleiden ihre Brutzellen mit abgeschnittenen Blattstückchen aus.

Rund ein Viertel aller heimischen Wildbienenarten baut keine eigenen Nester. Die Weibchen dieser Kuckucksbienen sammeln auch keinen Pollen, sondern legen ihre Eier in der Phase der Verproviantierung

Nistet ohne besondere Ansprüche im Boden und breitet sich rasant aus: Weibchen der Efeu-Seidenbiene (*Colletes hederae*), mit Pollen beladen am Nistplatz.

Kuckucksbiene: Die Rothaarige Wespenbiene (*Nomada lathburiana*) sucht am Nistplatz der Weiden-Sandbiene (*Andrena vaga*) nach Nesteingängen.

in die Nester anderer Bienen. Jede Kuckucksbiene ist auf eine oder mehrere Wirtsarten spezialisiert. Es gibt sogar einige Arten von Kuckuckshummeln, die nach den Nestern ihrer Wirtshummeln suchen, um deren Völker zu übernehmen. Bienen haben aber auch ansonsten viele Gegenspieler unter den Insekten: Ölkäfer, Bienenkäfer, Woll- und Trauerschweber, Keulenwespen und viele andere Wespen- und Fliegenverwandte schmarotzen an ihren Nestern.

Unsere heimischen Bienenarten kann man sechs Familien zuordnen: Colletidae („Urbienen"), Andrenidae (Sandbienen und Verwandte), Halictidae (Verwandtschaft der Schmal- und Furchenbienen), Melittidae (Verwandtschaft der Sägehornbienen), Megachilidae (Bauchsammlerbienen) und Apidae („Echte Bienen"). Das Buch folgt dieser Systematik.
Sehr viele Bienenarten lassen sich im Gelände oder auf Fotos nicht eindeutig bestimmen. Man muss sie

Bunter Gegenspieler: ein Zottiger Bienenkäfer (*Trichodes alvearius*) bei der Eiablage an Nestverschlüssen von Mauer- und Scherenbienen an einer Wildbienen-Nisthilfe.

präparieren und kommt nur mithilfe spezieller Bestimmungsschlüssel und optischer Hilfsmittel (Binokular) zum Ziel. Dieses Buch ist für Einsteiger gedacht. Es widmet sich ganz überwiegend einer Auswahl an relativ gut erkennbaren Arten, deren Bestimmung mit etwas Übung auch im Feld gut gelingen kann. Viele davon sind häufig, sie können auch im Garten beobachtet und gefördert werden. Einige sind zwar selten geworden, dürfen aber aufgrund ihrer außergewöhnlichen Erscheinung oder Lebensweise in keinem Bienenbuch fehlen – wie die Schwarze Mörtelbiene (*Megachile parietina*) oder die Mohnbiene (*Hoplitis papaveris*). Auch von Natur aus kommen nicht alle Arten überall vor – die faszinierende Eisenhuthummel (*Bombus gerstaeckeri*) findet man nur in den Alpen, die Küsten-Seidenbiene (*Colletes halophilus*) nur an der Nordsee. Gut die Hälfte aller heimischen Arten steht als mindestens gefährdet auf der Roten Liste Deutschlands, obwohl einige Arten offenbar von der Erwärmung profitieren und sich ausbreiten.
Voraussetzung dafür, dass wir die Vielfalt der Wildbienen weiterhin erleben können, ist vor allem, dass wir ihre Lebensräume erhalten. Dazu kann jede und jeder beitragen – zum Beispiel durch eine entsprechende Gartengestaltung, vor allem aber durch ein möglichst nachhaltiges Konsumverhalten und durch zivilgesellschaftliches Engagement für Natur- und Artenschutz.

Ein Weibchen bei der Pollenernte an Gelber Resede, auch Gelber Wau genannt.

Reseden-Maskenbiene

Hylaeus signatus (Panzer 1798)

AUSSEHEN Die kleinen, überwiegend schwarz gefärbten Maskenbienen sind auf den ersten Blick recht unscheinbar. Die 39 Arten der Gattung *Hylaeus*, die in Deutschland bislang festgestellt wurden, lassen sich in der Regel im Feld und auf Fotos nicht eindeutig bestimmen. Ihre besondere Ästhetik liegt in der Gestaltung ihres Gesichts: Beim Männchen ist es oft großflächig hellgelb oder weiß gefärbt, während die Weibchen einzelne längliche gelbe Flecken tragen. Diese „Masken" führten zu ihrem deutschen Gattungsnamen. Auch einzelne Bereiche der Beine sind bei vielen Maskenbienen gelb gefärbt. Die Reseden-Maskenbiene ist eine der wenigen Arten, die man recht gut ohne Hilfsmittel bestimmen kann: Neben dem speziellen Blütenbesuch sind die ungetönten, durchsichtigen Flügel kennzeichnend. Mit 7–9 mm Körperlänge handelt es sich um eine vergleichsweise große Maskenbiene. Das Männchen zeigt eine ausgedehnte elfenbeinweiße Gesichtsmaske, das Weibchen zwei helle, in der Mitte verbreiterte Gesichtsflecken. Charakteristisch sind auch die nahezu komplett schwarzen Beine und ein weißer Saum am Rand des ersten Hinterleibssegments. Trotz dieser Merkmale besteht Verwechslungsgefahr mit anderen Maskenbienen, die ebenfalls gern Reseden aufsuchen.

NISTWEISE Wie für die meisten Maskenbienen typisch, nistet die

Das Männchen trägt im Gesicht eine große weiße Maske.

Reseden-Maskenbiene in verschiedenen Hohlräumen wie Käferfraßgängen im Holz, Löchern in Mauern und Abbruchkanten, trockenen Brombeerranken, den verlassenen Nestern von Mauerbienen oder Lehmwespen und in Nisthilfen. Typisch für Maskenbienen ist, dass die Weibchen ihre linienförmig angelegten Nistzellen mit einem seidigen Sekret auskleiden und den Nesteingang schließlich auch mit einem Sekrethäutchen verschließen.

BLÜTENBESUCH Die Reseden-Maskenbiene ist eine von nur drei heimischen Maskenbienen, die oligolektisch sind. Zur Pollenernte suchen die Weibchen ausschließlich Reseden auf, und zwar Wilde Resede (*Reseda lutea*), Färber-Resede (*Reseda luteola*) und in Gärten auch die Wohlriechende Resede (*Reseda odorata*). Maskenbienen besitzen keine Behaarung zum Pollentransport. Die Weibchen verschlucken den Pollen und transportieren ihn im Kropf zum Nest. Auch die Männchen trinken Nektar bevorzugt an Reseden.

LEBENSRAUM UND FLUGZEIT Von Mai bis September lässt sich die Reseden-Maskenbiene, die im Spätsommer teilweise eine zweite Generation ausbildet, in Sandgruben und Steinbrüchen, an Wegrändern und Böschungen, auf Dämmen und Brachflächen sowie in Gärten beobachten. Wo Reseden wachsen, findet sich diese Art meist zuverlässig und in größerer Zahl ein.

Paarung zu Frühlingsbeginn am Nistplatz.

Frühlings-Seidenbiene

Colletes cunicularius (Linnaeus 1761)

AUSSEHEN Die Frühlings-Seidenbiene hat die Größe einer Honigbiene (11–14 mm). Eine kräftige braune Behaarung bedeckt den Thorax. Der Hinterleib trägt im Gegensatz zu anderen Seidenbienen keine hellen Querbinden. Die Behaarung der Männchen ist etwas heller.

NISTWEISE Die Weibchen graben die Nistgänge solitär, aber oft in hoher Dichte nebeneinander auf ebenen oder schwach geneigten Flächen in sandigen Boden, und zwar an Wald- und Wegrändern, in Kiesgruben und Böschungen oder sogar auf Rasenflächen. Jeder Nesteingang liegt seitlich an einem kleinen Hügel aus Sand, der beim Graben ausgehoben wird. Vom Ende des Hauptgangs, der rund 30 cm in die Tiefe führt, zweigen kurze Seitengänge zu den Nistzellen ab.

Namensgebend für Seidenbienen ist die seidenartige Membran, mit der die Weibchen ihre Nistzellen auskleiden. Nach der Eiablage ernähren sich die Larven über den Sommer von dem recht flüssigen Pollen-Nektar-Gemisch. Noch vor dem nächsten Winter entwickeln sie sich über das Puppenstadium zu erwachsenen Bienen, die bis zum Frühjahr in den Nestern ruhen – alle anderen heimischen Seidenbienenarten überwintern als Ruhelarven.

An den ersten milden, sonnigen Tagen im März erscheinen die frisch geschlüpften Männchen an den Nistplätzen und erwarten die schlüpfenden Weibchen. Paarungen lassen sich dann unmittelbar auf dem Boden beobachten, oft stürzen sich mehrere Männchen auf ein Weibchen („Paarungskugeln").

Weibchen beim Besuch von Weidenblüten.

BLÜTENBESUCH Zwar nutzen die Weibchen die Blüten verschiedener Pflanzenfamilien, sie bevorzugen aber eindeutig den Pollen von Weiden (*Salix*). Hier trinken auch die Männchen Nektar – und unternehmen weitere (meist von den Weibchen abgewehrte) Paarungsversuche.

LEBENSRAUM UND FLUGZEIT Weit verbreitet und häufig, an geeigneten Stellen sehr zahlreich und als Frühlingsbote im März/April eine der auffälligsten Insektenarten. Die Frühlings-Seidenbiene ist charakteristisch für Flussauen und Dünen, sie nistet aber auch in Stadtparks und auf Sportplätzen.

KUCKUCKSBIENE Die Große Blutbiene (*Sphecodes albilabris*) ist als Futterparasit an den Nestern im April/Mai unübersehbar.

TIPP: BIENEN AN WEIDENKÄTZCHEN

Blühende Weidenkätzchen halten für Bienen ab März, in besonders milden Jahren sogar schon ab Februar das erste üppige Nahrungsangebot des Jahres bereit. Neben der Honigbiene und der Frühlings-Seidenbiene stärken sich hier zahlreiche Hummelköniginnen nach der Überwinterung. Außerdem haben sich mehrere Sandbienenarten auf Weidenpollen spezialisiert, darunter die Weiden-Sandbiene (*Andrena vaga*). Weidenbüsche bieten also hervorragende Beobachtungsmöglichkeiten zu Beginn des Bienenjahres!

Weibchen bei der Pollenernte auf Rainfarn.

Buckel-Seidenbiene, Gemeine Seidenbiene

Colletes daviesanus Smith 1846

AUSSEHEN Mit 8–10 mm Länge eine recht kleine Biene. Die Weibchen der Buckel-Seidenbiene tragen auf dem Thorax eine graubraune bis gelbbraune Behaarung, in deren Mitte stets eine kahle, glänzende Fläche („Buckel") liegt. Die schwarzen Hinterleibssegmente weisen mäßig breite, weiße bis weißgraue Endbinden auf. Der Hinterleib ist am Ende besonders stark zugespitzt. Die auf den folgenden Seiten dargestellten Weibchen der Rainfarn-Seidenbiene (*Colletes similis*) und der Filzbindigen Seidenbiene (*Colletes fodiens*) sehen im abgeflogenen Zustand sehr ähnlich aus und sind dann ohne Hilfsmittel kaum von der Buckel-Seidenbiene unterscheidbar. Die Männchen sind zierlicher sowie im Gesicht und auf dem Thorax kräftig behaart, aber im Gelände nicht eindeutig zu bestimmen.

NISTWEISE Die Nester werden in Steilwände und Abbruchkanten gegraben (Bild oben rechts). Die Buckel-Seidenbiene ist bekannt dafür, ihre Nester auch im Sandstein und in Mörtelfugen von Gebäuden anzulegen, beispielsweise in den Wänden von Scheunen, alten Wohngebäuden und Kirchen. Da sie manchmal in großen Kolonien mit Hunderten oder sogar Tausenden von Nestern auftritt, wurde sogar schon von Gebäudeschäden berichtet. Zu den sonstigen Nistplätzen zählen sandige Steilwände von Kies-

Steilwand als Nistplatz mit Weibchen an Nesteingängen.

gruben und Baggerseen, Lehm- und Lösswände, Sandsteinfelsen und vulkanische Tuffe.

Die Nistgänge verzweigen sich und werden rund 10 cm lang. Alte Nester werden wiederbenutzt. Am Ende jedes Ganges liegen meist mehrere Nistzellen hintereinander, die cellophanartig mit erhärtetem Sekret ausgekleidet sind und ein ziemlich festes Pollen-Nektar-Gemisch enthalten. Auch der Nestverschluss wird aus dem seidigen Sekret erstellt und liegt etwa 15 mm tief hinter der Mündung im Nistgang. Gelegentlich werden auch röhrenförmige Nisthilfen besiedelt.

BLÜTENBESUCH Oligolektisch, auf Korbblütler spezialisiert. Im Spätsommer ist Rainfarn (*Tanacetum vulgare*) die wichtigste Pollenquelle. Daneben werden auch Schafgarbe, Kamille, Einjähriger Feinstrahl und Sand-Strohblume besucht.

LEBENSRAUM UND FLUGZEIT Die Buckel-Seidenbiene gilt in Deutschland als häufigste Seidenbienenart. Neben Kiesgruben, Felshängen und Weinbergen zählen Dörfer und Städte zu den bevorzugten Lebensräumen. Die Art ist ein Kulturfolger. Auf Rainfarnblüten an Wegen und Straßenrändern kann man sie meist leicht nachweisen. Die Flugzeit reicht von Juni bis August.

KUCKUCKSBIENE Die Gewöhnliche Filzbiene (*Epeolus variegatus*).

Weibchen auf Rainfarnblüten in der Döberitzer Heide (Brandenburg).

Rainfarn-Seidenbiene

Colletes similis Schenck 1853

AUSSEHEN Etwa 10 mm lang. Die Weibchen sind gekennzeichnet durch die recht breiten, nahezu weißen Binden auf dem glänzend schwarzen Hinterleib und eine dunkle, rötlich braune Behaarung auf dem Thorax, die an den Seiten in ein weißliches Grau übergeht. Die zierlicheren Männchen sind gar nicht, die Weibchen nur im frischen Zustand von anderen Arten (Buckel-Seidenbiene, Filzbindige Seidenbiene) zu unterscheiden.

NISTWEISE Die Nester werden in Abbruchkanten, Böschungen oder ebenen Flächen an möglichst vegetationsfreien Stellen angelegt.

BLÜTENBESUCH Lieblingspollenquelle ist Rainfarn (*Tanacetum vulgare*). Daneben dienen der oligolektischen Art weitere Korbblütler wie Kamille, Schafgarbe, Einjähriger Feinstrahl und Kanadische Goldrute als Nahrungspflanzen.

LEBENSRAUM UND FLUGZEIT Von Juni bis September kann man die Rainfarn-Seidenbiene an trockenwarmen Standorten wie Brachen, Dämmen, Kiesgruben oder Trockenhängen antreffen.

Die Rainfarn-Seidenbiene kann mit der Buckel-Seidenbiene gemeinsam auftreten, ist aber stärker an wärmebegünstigte, magere Lebensräume gebunden und daher seltener. Im Südwesten Deutschlands bildet sie teilweise eine zweite Generation im Spätsommer aus.

KUCKUCKSBIENE Die Gewöhnliche Filzbiene (*Epeolus variegatus*).

Weibchen auf den Blüten des Einjährigen Feinstrahls (*Erigeron annuus*).

Filzbindige Seidenbiene

Colletes fodiens (Geoffroy 1785)

AUSSEHEN Die Filzbindige Seidenbiene ist der Rainfarn-Seidenbiene und der Buckel-Seidenbiene sehr ähnlich. Die Weibchen zeigen aber breitere, ockergelbe Binden auf dem ansonsten deutlich matteren, schwarzen Hinterleib. Die Thoraxbehaarung ist oben und auch an den Seiten leuchtend rotbraun, die helle Gesichtsbehaarung sehr kräftig ausgeprägt. Männchen und abgeflogene Weibchen sind im Gelände meist nicht eindeutig von den beiden anderen Arten (Buckel-Seidenbiene, Rainfarn-Seidenbiene) unterscheidbar.

NISTWEISE Die Nistgänge werden in sandigen Boden gegraben.

BLÜTENBESUCH Auch diese Seidenbiene ist oligolektisch an Korbblütler gebunden und sucht besonders gern Rainfarn (*Tanacetum vulgare*) auf. Die übrigen Pollenquellen decken sich ebenfalls weitgehend mit denen der Rainfarn-Seidenbiene. Häufig wird die Sand-Strohblume genutzt.

LEBENSRAUM UND FLUGZEIT Die Filzbindige Seidenbiene ist an Sandgebiete gebunden und deutlich seltener als die verwandten Arten. Binnendünen, Flugsandfelder und Brachen auf Sandböden sind ihre bevorzugten Lebensräume. Sie ist von Juli bis September aktiv. Die Überwinterung erfolgt wie bei den meisten Seidenbienenarten in Form von Ruhelarven in den Bodennestern.

KUCKUCKSBIENE Die Gewöhnliche Filzbiene (*Epeolus variegatus*).

Weibchen auf einem Blütenstand des Hasenklees.

Dünen-Seidenbiene

Colletes marginatus Smith 1846

AUSSEHEN Diese kleine Seidenbiene (8–10 mm) ist durch eine kurze braune Behaarung auf dem Thorax gekennzeichnet, die bei den Weibchen in der Mitte allerdings einen dunklen „Buckel" weitgehend ausspart. Der Hinterleib trägt mäßig breite helle Binden. Damit ist sie äußerlich kaum von anderen Seidenbienen zu unterscheiden, allerdings hilft der Blütenbesuch bei der Bestimmung sehr.

NISTWEISE Nistgänge werden in sandigen Boden gegraben.

BLÜTENBESUCH Zwar ist diese Art polylektisch und damit nicht so stark spezialisiert wie viele andere Seidenbienen, sie zeigt aber eine charakteristische Vorliebe für verschiedene Schmetterlingsblütler, insbesondere für Hasenklee (*Trifolium arvense*). Sie wird leicht übersehen, wenn sie in der recht niedrigen Vegetation leise von Blüte zu Blüte fliegt. Zu den weiteren Nahrungspflanzen zählen unter anderem Kreuzblütler und Reseden.

LEBENSRAUM UND FLUGZEIT Eine typische Art der Sandgebiete, die von Ende Juni bis August in den Dünengebieten der Nordseeinseln ebenso fliegt wie auf den Binnendünen, Flugsandfeldern und sandigen Brachen in Brandenburg und Berlin. Im Süden Deutschlands offenbar recht selten.

KUCKUCKSBIENE Eine kleinere Form der Heide-Filzbiene (*Epeolus cruciger*) schmarotzt an den Nestern der Dünen-Seidenbiene.

Weibchen beim Blütenbesuch an Gewöhnlicher Ochsenzunge.

Ochsenzungen-Seidenbiene

Colletes nasutus Smith 1853

AUSSEHEN Unsere größte Seidenbienenart wird bis zu 15 mm lang. Der Kopf ist lang gestreckt, die graubraune Thoraxbehaarung bei den Weibchen kurz und spärlich, die Hinterleibsbinden sind breit und kontrastreich ausgeprägt.

NISTWEISE Die Nester werden im Sandboden wohl an Böschungen und Hängen angelegt.

BLÜTENBESUCH Die einzige Pflanze, an der Pollen und Nektar aufgenommen werden, ist die Gewöhnliche Ochsenzunge (*Anchusa officinalis*).

LEBENSRAUM UND FLUGZEIT Eine Hochsommerart, die in Sandgebieten von Ende Juni bis Mitte August fliegt. In Deutschland existieren historische Fundorte in Bayern und Sachsen, aktuell ist die Ochsenzungen-Seidenbiene jedoch nur noch aus der brandenburgischen Oderregion bekannt. Sie ist dort auf große Ochsenzungenbestände an Trockenhängen und Wegrändern angewiesen. Diese erfordern ein sensibles Management gegen die Verbuschung: Eine zu frühe, flächendeckende Schafbeweidung noch zur Blütezeit kann sich sehr negativ auswirken.

KUCKUCKSBIENE Die bis zu 12 mm lange, extrem seltene Steppen-Filzbiene (*Epeolus schummeli*). Sie ist der Gewöhnlichen Filzbiene (*E. variegatus*) ähnlich, aber viel größer und eng an die Ochsenzungen-Seidenbiene gebunden.

Ein Weibchen bei der Pollenernte an Besenheide in der Döberitzer Heide (Brandenburg).

Heidekraut-Seidenbiene

Colletes succinctus (Linnaeus 1758)

AUSSEHEN Etwa 10–12 mm lang, Thorax hellbraun behaart, am Hinterleib kontrastreich abgesetzte helle Querbinden. Sehr ähnlich und nah verwandt sind Küsten-Seidenbiene und Efeu-Seidenbiene, die ebenfalls spät im Jahr, aber in anderen Lebensräumen fliegen.

NISTWEISE Nistzellen werden im Sandboden am Ende der bis zu 30 cm langen Gänge angelegt.

BLÜTENBESUCH Die bei Weitem wichtigste Nahrungsquelle ist die Besenheide (*Calluna vulgaris*). In charakteristischer Weise drehen sich die Weibchen nach dem Anflug auf die Blütenstände immer kopfüber und sammeln in dieser Haltung Pollen und Nektar. Der weiße Heidepollen haftet auffällig an den Haaren der Hinterbeine. Dennoch gilt die Art als polylektisch, weil sie nachweislich auch andere Pflanzen nutzen kann.

LEBENSRAUM UND FLUGZEIT An das Vorkommen von Heidekraut gebunden, vor allem auf Sandböden, beispielsweise auf den ausgedehnten Heideflächen von (ehemaligen) Truppenübungsplätzen. Diese Lebensräume sind allerdings auch in Schutzgebieten zunehmend durch das Zuwachsen mit Gehölzen gefährdet und auf eine traditionelle Nutzung beziehungsweise Pflege angewiesen. Die Flugzeit der Art deckt sich mit der Zeit der Heideblüte im August und September.

KUCKUCKSBIENE Heide-Filzbiene (*Epeolus cruciger*).

Dieses Weibchen sammelt Pollen auf Strand-Astern an der Nordseeküste.

Küsten-Seidenbiene, Strandaster-Seidenbiene
Colletes halophilus Verhoeff 1944

AUSSEHEN 8,5–14 mm lang, Thorax rotbraun behaart, am Hinterleib helle Querbinden. Anhand des Lebensraums und der besuchten Pflanzen von ähnlichen Arten zu unterscheiden.

NISTWEISE Die Nester werden im Sandboden im Spülsaum beziehungsweise am Rand der Salzwiesen angelegt, oft in Aggregationen.

BLÜTENBESUCH Als Pollenquellen dienen ausschließlich Korbblütler (Asteraceae), insbesondere Strand-Aster (*Tripolium pannonicum*), daneben auch Acker-Gänsedistel (*Sonchus arvensis*) und Bitterkraut (*Picris hieracioides*).

LEBENSRAUM UND FLUGZEIT Das Vorkommen der Küsten-Seidenbiene beschränkt sich in Deutschland auf die Nordseeküste Niedersachsens (einschließlich der ostfriesischen Inseln) und Schleswig-Holsteins. Hier fliegt sie zur Blütezeit der Strand-Aster im August und September in den Salzwiesen und Küstendünen. Ihr Verbreitungsgebiet ist insgesamt auf die Küstenregionen von Deutschland, England, den Niederlanden, Belgien, Frankreich und möglicherweise Irland begrenzt.

KUCKUCKSBIENEN Die Filzbienen *Epeolus tarsalis* und *E. variegatus* sind in den Niederlanden und in England als Kuckucksbienen nachgewiesen worden.

Weibchen beim Blütenbesuch an Efeu.

Efeu-Seidenbiene

Colletes hederae Schmidt & Westrich 1993

AUSSEHEN Die Weibchen sind mit einer durchschnittlichen Körperlänge von 13 mm deutlich größer als die Männchen (10 mm). Thorax rotbraun behaart, am Hinterleib helle Querbinden, die bei frisch geschlüpften Tieren bräunlich gefärbt sind, aber bald verblassen. Die Art wurde erst 1993 von Konrad Schmidt und Paul Westrich in Abgrenzung zur Heidekraut-Seidenbiene und Küsten-Seidenbiene beschrieben.

NISTWEISE An den Nistplätzen legen die Weibchen oft Dutzende bis Hunderte von Nestern dicht nebeneinander an. Sie wählen dafür äußerst flexibel Löss-Steilhänge und vegetationsarme Böschungen, auch Sandspielplätze und sogar dicht bewachsene Rasenflächen aus.

BLÜTENBESUCH Eingeschränkt oligolektisch. Vor dem Aufblühen von Efeu (*Hedera helix*) als artspezifischer Pollenquelle können offenbar als „Notlösung" auch andere Pflanzen wie Herbstzeitlose und Kanadische Goldrute genutzt werden. Die Männchen trinken an Efeublüten Nektar.

LEBENSRAUM UND FLUGZEIT Die Flugzeit reicht von Ende August bis Anfang November. Zum Zeitpunkt der Erstbeschreibung in den 1990er-Jahren war diese eher südeuropäisch verbreitete Art in Deutschland zunächst nur aus dem äußersten Südwesten bekannt. Seither breitet sie sich aber massiv Richtung Norden (inzwischen bis Niedersachsen) und Osten aus. Im Jahr 2019 wurde sie von Christoph Saure und Nico

Männchen mit der typischen üppigen Gesichtsbehaarung.

Streese erstmals in Berlin und Brandenburg nachgewiesen. In vielen Regionen Deutschlands zählt sie mittlerweile sogar zu den häufigsten Wildbienen. Sie ist in Gärten, Parks und lichten Wäldern zu finden – dort, wo Efeu wächst.

KUCKUCKSBIENEN Die Schwarzbeinige Filzbiene (*Epeolus fallax*) und möglicherweise auch die Heide-Filzbiene (*Epeolus cruciger*).

TIPP: EFEU ALS INSEKTENMAGNET

Wer Hauswände, Zäune oder Mauern mit Efeu beranken lässt, kann die Efeu-Seidenbiene leicht in den eigenen Garten locken, sofern sie die entsprechende Region bereits erreicht hat. Sie lässt sich auf den offenen Blüten in der Herbstsonne leicht beobachten. In jedem Fall nutzen Honigbienen und Hummeln dieses letzte, üppige Nahrungsangebot des Jahres – zusammen mit Schmetterlingen wie Admiral, C-Falter und Tagpfauenauge. Außerdem können über 20 Schwebfliegenarten neben anderen Fliegen hier in Erscheinung treten. Sie werden an den Blüten von verschiedenen Grab- und Faltenwespen, darunter Hornissen, gejagt, die hier ebenfalls Nektar trinken.

Paarung am Nistplatz.

Weiden-Sandbiene

Andrena vaga Panzer 1799

AUSSEHEN Durch die dichte, komplett silbergraue Behaarung des Thorax und den glatten schwarzen Hinterleib sind die Weibchen dieser großen kräftigen Biene (13–15 mm) unverwechselbar. Die Männchen sind ähnlich gefärbt, aber weniger dicht behaart und schlanker.

NISTWEISE An geeigneten Stellen (Böschungen, Sandwege, schütter bewachsene Wiesen) legen die Weibchen mitunter einige Hundert oder sogar mehrere Tausend Nester nebeneinander an. Vom Hauptgang, der bis zu 60 cm senkrecht in den sandigen Boden führt, zweigen bis zu vier Seitengänge ab.
Die Lage der Nester ist durch die Erdhäufchen über dem Eingang auf ebenen Flächen schon von Weitem zu erkennen. Paarungen meist schon Ende März/Anfang April.

BLÜTENBESUCH Oligolektisch an verschiedenen Weiden (*Salix*).

LEBENSRAUM UND FLUGZEIT In Flussauen und feuchten Niederungen weit verbreitet. Die Männchen erscheinen im März, die Weibchen sammeln Pollen bis Mai.

KUCKUCKSBIENEN Rothaarige Wespenbiene (*Nomada lathburiana*) und wohl auch die Blutbiene *Sphecodes gibbus*.

Ein mit Pollen beladenes Weibchen gräbt den Nistgang auf.

ERLEBNIS: AM NISTPLATZ DER WEIDEN-SANDBIENE

Ein offener, von der Sonne beschienener Sandhang eines ehemaligen Kiesabbaugebiets ist alljährlich zu Frühlingsbeginn Ort eines Naturschauspiels: Tausende von Bienen fliegen dicht über dem Sand hin und her. Die Männchen der Weiden-Sandbiene sind aus dem Sand geschlüpft und erwarten hier nun die Weibchen. Oft stürzen sich mehrere Männchen in Knäueln auf ein frisch geschlüpftes Weibchen. Für die Weibchen beginnt anschließend eine arbeitsreiche Zeit: Mit leuchtend gelbem Weidenpollen an den Hinterbeinen landen sie auf dem Sand und graben sich in Windeseile in den Boden hinein. Bald tauchen Gegenspieler auf: Große Wollschweber (*Bombylius major*), pelzige Vertreter der Fliegenverwandtschaft. Im Schwirrflug schleudern sie ihre winzigen Eier in Richtung der Eingänge zu den Sandbienennestern. Ihre Larven sind nämlich Futterparasiten, die schnell aus den Eiern schlüpfen und dann in die Wildbienennester kriechen, um dort den Pollenvorrat zu vertilgen. Und natürlich erscheinen auch die Rothaarigen Wespenbienen (*Nomada lathburiana*), deren Weibchen als Kuckucksbienen regelmäßig die Nester der Weiden-Sandbiene inspizieren, um darin ihre eigenen Eier zu platzieren.

Dieses Weibchen sammelt Anfang Mai Pollen und Nektar von Zypressen-Wolfsmilch (*Euphorbia cyparissias*).

Aschgraue Sandbiene, Grauschwarze Düstersandbiene

Andrena cineraria (Linnaeus 1758)

AUSSEHEN Das bis zu 15 mm große Weibchen ist durch die graue Thoraxbehaarung, die durch einen breiten schwarzen Querstreifen unterbrochen ist, gut zu identifizieren. Der schwarz glänzende Hinterleib schimmert im Sonnenlicht leicht bläulich. Die Hinterbeine einschließlich der Sammelbürste sind ebenfalls schwarz, die Gesichtsbehaarung ist weiß. Die rund 12 mm langen Männchen sind mittig im Gesicht, seitlich am Thorax, an den Schenkeln und an den ersten Hinterleibssegmenten lang weiß behaart.

NISTWEISE Die Weibchen graben ihre Nistgänge in den sandigen oder lehmigen Boden von Kiesgruben, Binnendünen, Wegen, Waldrändern oder Rasenflächen.

BLÜTENBESUCH Polylektisch. Löwenzahn und verschiedene Kreuzblütler wie Raps werden ebenso als Pollenquellen genutzt wie blühende Sträucher, etwa Weidenarten und Schlehen.

LEBENSRAUM UND FLUGZEIT Die häufige und weitverbreitete Aschgraue Sandbiene ist hinsichtlich ihres Lebensraums nicht sehr wählerisch: Sie besiedelt Wiesen, Weiden und Heiden, Wälder, Parks und Gärten. Sie ist eine charakteristische Frühlingsart, die im April und Mai beobachtet werden kann.

KUCKUCKSBIENEN Die Wespenbienen *Nomada lathburiana* und *Nomada goodeniana*.

Die Erzfarbene Sandbiene, hier ein Weibchen, ist auch ein gern gesehener Gast in unseren Gärten.

Erzfarbene Sandbiene

Andrena nigroaenea (Kirby 1802)

AUSSEHEN Das Weibchen ist mit 13–15 mm etwas größer als eine Honigbienenarbeiterin. Der Kopf ist schwarz, der Thorax oberseits kräftig rotbraun behaart. Diese bräunliche Behaarung setzt sich etwas kürzer und ausgedünnter über die ersten drei Hinterleibssegmente fort. Das Körperende trägt dann wieder schwarze Haare. Namensgebend ist der schwache metallische Glanz des Hinterleibs. Die Schienenbürste ist auffallend rotbraun gefärbt. Nur mit einiger Übung von ähnlichen Arten zu unterscheiden.
NISTWEISE Die Nester werden an nicht sehr spezifischen Orten in die Erde gegraben: Die Weibchen wählen Böschungen, Wald- und Wegränder, Rasenflächen oder sogar Blumentöpfe als geeignete Plätze aus und nutzen offenbar mitunter auch gemeinsam denselben Nesteingang.
BLÜTENBESUCH Polylektisch. Von Löwenzahn und Wiesenkerbel bis zu Weiden und Himbeeren werden viele verschiedene Pflanzen als Pollenquellen genutzt.
LEBENSRAUM UND FLUGZEIT Weitverbreitet und ziemlich häufig. Die Flugzeit reicht von Mitte April bis Mitte Juni. Waldränder, Dämme, Wiesen, Brachen, Dünen und Kiesgruben zählen zu den Lebensräumen, aber auch in Gärten und Parkanlagen ist die Erzfarbene Sandbiene eine Charakterart im Frühling.
KUCKUCKSBIENEN Die Wespenbienen *Nomada succincta*, *N. goodeniana* und *N. marshamella*.

Dieses Weibchen sammelt Pollen an Apfelblüten.

Rotschopfige Sandbiene

Andrena haemorrhoa (Fabricius 1781)

AUSSEHEN Das Weibchen ist bis zu 12 mm lang. Die Behaarung oben auf dem Thorax und die Endfranse am Hinterleib sind kräftig fuchsrot gefärbt. Der Hinterleib ist schwarz, glänzend und zeigt bei näherer Betrachtung eine grobe Punktierung. Die Schienenbürste der Hinterbeine ist weiß-gelb gefärbt, Hinterbeine ansonsten rötlich. Mit ihrer bunten, kontrastreichen Färbung reiht sich die Rotschopfige Sandbiene in die zahlreichen auffälligen und weitverbreiteten Frühlingsboten der Gattung *Andrena* ein. Die zierlichen Männchen sind wie bei sehr vielen Sandbienen nicht von ähnlichen Arten zu unterscheiden.

NISTWEISE Die Bodennester werden auf Rasenflächen, an Böschungen und Wegrändern angelegt.

BLÜTENBESUCH Polylektisch. Verschiedene krautige Pflanzen wie Scharbockskraut und Löwenzahn werden ebenso ausgiebig besucht wie blühende Sträucher und Bäume. Sehr häufig sind die Weibchen an Obstbaumblüten (Kirsche, Apfel, Birne) zu beobachten.

LEBENSRAUM UND FLUGZEIT Die Rotschopfige Sandbiene ist weithin häufig und weist keine ausgeprägten Lebensraumansprüche auf. Wiesen, Waldränder, Hecken und Brachen werden ebenso besiedelt wie Gärten und innerstädtische Grünanlagen. Die Art fliegt im April und Mai.

KUCKUCKSBIENE Die Wespenbiene *Nomada ruficornis*.

Dieses Weibchen besucht Blüten der Roten Johannisbeere im Garten.

Fuchsrote Sandbiene

Andrena fulva (Müller 1766)

AUSSEHEN Während die 9–12 mm großen Männchen im Gelände nicht von anderen Sandbienen-Männchen zu unterscheiden sind, zählt das bis zu 14 mm große Weibchen im frischen Zustand zu den auffälligsten Erscheinungen der heimischen Insektenwelt: Oberseits ist es auf Thorax und Hinterleib lang und dicht rostrot behaart. In deutlichem Kontrast dazu steht das tiefe Schwarz des restlichen Körpers. Im Laufe des Bienenlebens verblasst das leuchtende Fuchsrot allerdings zu einem gelblich grauen Farbton.

NISTWEISE Die Fuchsrote Sandbiene nistet im Boden, an Wegen, Waldrändern, unter Gebüsch oder in Rasenflächen, einzeln oder in Kolonien, die aus mehreren Hundert Nestern bestehen können.

BLÜTENBESUCH Polylektisch. Die Weibchen sammeln Pollen und Nektar an einem breiten Spektrum früh im Jahr blühender Pflanzen, sind aber besonders bekannt dafür, die Blüten von Johannisbeeren zu besuchen.

LEBENSRAUM UND FLUGZEIT Weitverbreitet und häufig. Die Fuchsrote Sandbiene fliegt in Wäldern, Waldrändern und an Böschungen und Hecken. Auch in den Parks und Gärten von Dörfern und Städten ist sie ein vertrauter Anblick. Sie zählt zu den ersten Frühlingsboten. Ihre Flugzeit reicht von März bis Mai.

KUCKUCKSBIENEN Die Wespenbienen *Nomada signata* und *N. panzeri.*

Ein Weibchen der ersten Generation sonnt sich Anfang April im Garten.

Zweifarbige Sandbiene

Andrena bicolor Fabricius 1775

AUSSEHEN Etwa 9–11 mm lang. Der dunkle Kopf der Weibchen bildet einen hübschen Kontrast zum rotbraun behaarten Thorax und den rötlichen Sammelbürsten der Hinterschienen. Auch die ersten drei Hinterleibssegmente tragen recht lange gelbliche Haare. Männchen im Frühjahr am Kopf überwiegend dunkel, im Sommer hellbraun behaart.

NISTWEISE Die Nester werden meist einzeln im Boden angelegt, an offenen oder locker bewachsenen Stellen, auch in Gartenerde.

BLÜTENBESUCH Polylektisch. Vor allem die Frühjahrsgeneration nutzt eine große Bandbreite an Pflanzen als Pollenquellen, und zwar krautige Frühblüher ebenso wie blühende Sträucher und Bäume. An den Nistplätzen fällt die Art im Frühling besonders auf, wenn sie – mit buntem Frühblüherpollen beladen – in der noch kahlen Gartenerde gräbt. Im Sommer werden Glockenblumen gegenüber anderen Pflanzen stark bevorzugt.

LEBENSRAUM UND FLUGZEIT Weitverbreitet und häufig. Die Zweifarbige Sandbiene bildet zwei Generationen im Jahr aus mit Flugzeiten im April/Mai sowie von Mitte Juni bis August. Sie besiedelt eine große Vielfalt an Lebensräumen, beispielsweise Waldränder und Hecken, und macht sich als eine der ersten Bienen des Jahres im zeitigen Frühjahr in Gärten und Parkanlagen bemerkbar.

KUCKUCKSBIENE Die Wespenbiene *Nomada fabriciana*.

Ein Weibchen der ersten Generation Anfang April an Weidenblüten.

Gewöhnliche Bindensandbiene, Gemeine Sandbiene

Andrena flavipes Panzer 1799

AUSSEHEN Charakteristisch für diese bis zu 13 mm lange Biene sind die breiten hellbraunen Haarbinden auf dem Hinterleib. Auch die Färbung der Thoraxbehaarung ist hellbraun. Allerdings verblasst die bräunliche Farbe insbesondere der Querbinden im Laufe der Zeit, sodass die Gemeine Sandbiene dann mit der Weißen Bindensandbiene (*Andrena gravida*) verwechselt werden kann. Im weiteren Verlauf reiben sich die Haarbinden häufig ab, sodass der Hinterleib komplett schwarz erscheint. Die Schienenbürste ist auffällig gelb-orange gefärbt.

NISTWEISE Die Bodennester werden oft in großer Zahl an Böschungen oder Wegrändern angelegt, und zwar in lockerem oder festem, sandigem oder lehmigem Boden.

BLÜTENBESUCH Ausgesprochen polylektisch, sammelt Pollen an sehr vielen verschiedenen Pflanzen.

LEBENSRAUM UND FLUGZEIT Häufig und weitverbreitet. Stellt keine besonderen Lebensraumansprüche, besiedelt Waldränder, Wiesen und Kiesgruben ebenso wie Gärten. Oft beim Blütenbesuch auf Rasenflächen zu beobachten, sofern dort Pflanzen wie Löwenzahn oder Klee zum Blühen kommen dürfen. Fliegt in zwei Generationen im April/Mai und im Juli/August.

KUCKUCKSBIENE Die Wespenbiene *Nomada fucata*.

Ein frisch geschlüpftes, farbenprächtiges Weibchen im April im Garten.

Weiße Bindensandbiene, Schwere Sandbiene

Andrena gravida Imhoff 1832

AUSSEHEN Diese im frischen Zustand sehr attraktive Sandbiene ist mit 10–14 mm etwa so groß wie eine Honigbiene. Kennzeichnend sind die im Gesicht und an den Thoraxseiten weiße Behaarung, die langen orange-braunen Haare auf dem Thorax und die recht breiten weißen Haarbinden auf dem Hinterleib. Die Sammelbürste an den Hinterschienen ist gelb-orange. Ältere, nicht mehr so kontrastreich gefärbte Tiere können mit der Gewöhnlichen Bindensandbiene (*Andrena flavipes*) verwechselt werden. Im Gegensatz zu dieser bildet die Weiße Bindensandbiene aber nur eine Generation aus.

NISTWEISE Die Nester werden im Boden angelegt, meist in Kolonien. Die Nesteingänge liegen aber oft im dichten Gras verborgen.

BLÜTENBESUCH Polylektisch. Die Art besucht beispielsweise gern Löwenzahn (*Taraxacum officinale*) auf Rasenflächen und Wiesen, aber auch Wiesen-Schaumkraut und Weidenblüten.

LEBENSRAUM UND FLUGZEIT Häufig und weit verbreitet, besiedelt alle möglichen Arten von Wiesen, Wegrändern und Böschungen. Mit ihrer Flugzeit im April/Mai ist die Weiße Bindensandbiene ein typischer, aber wenig bekannter Frühlingsbote in Gärten und Parkanlagen.

KUCKUCKSBIENE Die Wespenbiene *Nomada bifasciata*.

Ein Weibchen an einer Heidelbeerblüte (*Vaccinium myrtillus*).

Heidelbeer-Sandbiene

Andrena lapponica Zetterstedt 1838

AUSSEHEN Die 12–13 mm langen Weibchen sind oben auf dem Thorax auffällig gelbbraun behaart, auch die ersten beiden Hinterleibssegmente tragen einige gelbbraune Haare. Ansonsten ist die Heidelbeer-Sandbiene überwiegend schwarz gefärbt. Die zierlicheren Männchen sind kaum von anderen Sandbienen zu unterscheiden, zumal Heidelbeerblüten nicht nur von dieser spezialisierten Art aufgesucht werden.

NISTWEISE Die Nester werden im sandigen Boden von Waldwegen und Waldrändern angelegt, gern in kleinen Kolonien.

BLÜTENBESUCH Oligolektisch an einigen Heidekrautgewächsen (Ericaceae): Heidelbeere, Preiselbeere, Rauschbeere, Gewöhnliche Moosbeere.

LEBENSRAUM UND FLUGZEIT Lichte Wälder, Moore und Heiden mit möglichst ausgedehnten Beständen der genannten Pollenlieferanten, beispielsweise im Nordosten Deutschlands an den großen Heidelbeervorkommen in den Kiefernwäldern auf den Sandböden. Hier ist die Heidelbeer-Sandbiene im April und Mai ab Beginn der Heidelbeerblüte zu beobachten. Auch in Bergheiden ist sie heimisch (in den Alpen bis in 2300 m Höhe). Auf den Blättern der Heidelbeerbüsche wartet häufig die parasitische Blasenkopffliege *Myopa buccata* auf ihre Gelegenheit, eine Heidelbeer-Sandbiene mit einem Ei zu belegen. Ihre Larve entwickelt sich im Körper der Biene.

KUCKUCKSBIENE Die Wespenbiene *Nomada panzeri*.

Ein Weibchen der stark gefährdeten Roten Fingerkraut-Sandbiene bei der Pollenernte an Frühlings-Fingerkraut.

Rote Fingerkraut-Sandbiene

Andrena potentillae Panzer 1809

AUSSEHEN 5–7 mm. Das zweite und dritte Hinterleibssegment sind rot gefärbt. Sehr ähnlich der Roten Ehrenpreis-Sandbiene (*Andrena labiata*), aber kleiner, außerdem mit früherer Flugzeit und spezialisiertem Blütenbesuch. Weibchen mit kurzer Behaarung, Fühler unterseits hellrot. Die Männchen sind weiß behaart, außerdem sind Teile des Gesichts weiß gefärbt.

NISTWEISE Die Nester werden einzeln oder in lockeren Kolonien in sandigem oder lehmigem Boden angelegt, oft zwischen Steinen.

BLÜTENBESUCH Oligolektisch. Die Weibchen sammeln an früh blühenden Fingerkrautarten. Sie wurden an Frühlings-Fingerkraut (*Potentilla neumanniana*), Rötlichem Fingerkraut (*P. heptaphylla*) und Sand-Fingerkraut (*P. arenaria*) beobachtet. Auch Erdbeere ist als Pollenquelle belegt. Die Männchen patrouillieren an den Fingerkrautpolstern.

LEBENSRAUM UND FLUGZEIT Die sehr seltene und stark gefährdete Rote Fingerkraut-Sandbiene fliegt nur zerstreut in Magerrasen auf sandigem oder steinigem Boden. In Deutschland ist sie im Süden bis zum Nordrand der Mittelgebirge und im Osten (nördlich bis Sachsen-Anhalt und Brandenburg) zu finden. Die Flugzeit erstreckt sich von Mitte März bis Mai.

KUCKUCKSBIENE Die Wespenbiene *Nomada guttulata*.

Dieses Männchen hat eine Sitzwarte auf einem Stein direkt neben einem blühenden Exemplar des Niederliegenden Ehrenpreises eingenommen.

Rote Ehrenpreis-Sandbiene

Andrena labiata Fabricius 1781

AUSSEHEN Diese hübsche Sandbiene fällt durch die hellrote Färbung des zweiten und dritten Hinterleibssegments auf. Ein schwarzer Punkt ist beiderseits am zweiten Segment erkennbar. Die Behaarung ist überwiegend weißlich. Bei den kleineren Männchen (7–9 mm) ist die untere Gesichtshälfte leuchtend weiß gefärbt. Die Weibchen erreichen eine Körperlänge von 10–12 mm. Die sehr ähnliche Rote Fingerkraut-Sandbiene ist deutlich kleiner und fliegt früher im Jahr.

NISTWEISE Die Weibchen graben die Nester gern an Böschungen und Wegrändern in den Boden, einzeln oder in Kolonien. Sie sind im Hinblick auf die Bodenbeschaffenheit nicht sehr wählerisch.

BLÜTENBESUCH Polylektisch. Neben vielen verschiedenen Pflanzen wie Löwenzahn, Acker-Senf, Großer Sternmiere, Wiesen-Salbei, Hahnenfuß, Weißdorn oder Frühlings-Fingerkraut werden besonders gern Gamander-Ehrenpreis (*Veronica chamaedrys*) und auf Magerrasen der Niederliegende Ehrenpreis (*Veronica prostrata*) besucht.

LEBENSRAUM UND FLUGZEIT Weit verbreitet und häufig auf Wiesen, Dämmen, an Hecken sowie in Parks und Gärten. Die Flugzeit liegt im Mai und Juni.

KUCKUCKSBIENE Die Wespenbiene *Nomada guttulata*.

Ein Weibchen auf einem Bauernhofgelände im Saarland an Acker-Senf (*Sinapis arvensis*).

Zweizellige Sandbiene

Andrena lagopus (Latreille 1809)

AUSSEHEN Die 10–12 mm langen Weibchen tragen oberseits auf dem Thorax eine rostrote Behaarung, auch die Endfranse des Hinterleibs ist rötlich. Der Hinterleib ist schwarz und grob punktiert. Damit ist die Art auf den ersten Blick leicht mit der Rotschopfigen Sandbiene (*Andrena haemorrhoa*) zu verwechseln. Am Ende des zweiten bis vierten Hinterleibssegments liegen jedoch ganz schmale weiße Endfransen. Außerdem ist der spezielle Blütenbesuch zu beachten. Der Name „Zweizellige Sandbiene" rührt daher, dass auf dem Vorderflügel dort, wo bei allen anderen Sandbienen drei sogenannte Cubitalzellen in einer Reihe liegen, bei dieser Art nur zwei Zellen vorhanden sind.

NISTWEISE Die Nester werden in den Boden gegraben.

BLÜTENBESUCH Oligolektisch. Pollen wird ausschließlich an Kreuzblütlern gesammelt, vor allem an Raps, Acker-Senf, Barbarakraut und Wiesenschaumkraut.

LEBENSRAUM UND FLUGZEIT Vor 1990 war die Zweizellige Sandbiene in Deutschland auf den äußersten Südwesten beschränkt und galt als große Seltenheit, seither ist sie Richtung Norden bis an den Mittelgebirgsrand vorgedrungen und scheint weiterhin in Ausbreitung. Sie ist von Mitte April bis Mitte Juni vorwiegend auf Wiesen, Brachen, an Rapsäckern und auch in Ortschaften an Ruderalstellen zu finden.

KUCKUCKSBIENEN Unbekannt.

Weibchen an Zweihäusiger Zaunrübe.

Zaunrüben-Sandbiene

Andrena florea Fabricius 1793

AUSSEHEN Sowohl Männchen als auch Weibchen der 11–12 mm langen Zaunrüben-Sandbiene weisen auf den ersten beiden Hinterleibssegmenten eine mehr oder weniger ausgeprägte rötliche Färbung auf. Der Thorax ist struppig bräunlich behaart.

NISTWEISE Die Nester werden in kleineren Kolonien auf ebenen oder schwach geneigten Flächen in sandigen oder lehmigen, möglichst vegetationsfreien und verdichteten Boden gegraben.

BLÜTENBESUCH Oligolektisch. Die Weibchen sammeln ausschließlich an der Zweihäusigen Zaunrübe (*Bryonia dioica*) und an der Weißen Zaunrübe (*Bryonia alba*) Pollen. Da die Männchen Zaunrüben ebenfalls als Nektarquelle nutzen, kann man beide Geschlechter an den Blüten beobachten. Bei der Zweihäusigen Zaunrübe finden die Weibchen natürlich nur an den männlichen Pflanzen Pollen.

LEBENSRAUM UND FLUGZEIT Eng an Wuchsorte der Zaunrüben gebunden, die an Hecken, Büschen oder Zäunen ranken. Zu den Lebensräumen zählen also Waldränder und Feldhecken, aber auch Gärten und Parkanlagen, sofern Zaunruben nicht als „Unkraut" beseitigt werden. Meist erscheinen gegen Ende Mai zu Beginn der Zaunrübenblüte zunächst die Männchen an den Pflanzen, bis Anfang August sind die Weibchen aktiv. Die Art ist im südlichen Deutschland häufiger als im Norden, breitet sich dort aber aus.

KUCKUCKSBIENEN Unbekannt.

Dieses Weibchen sammelt Pollen an Skabiosen im Botanischen Garten Berlin. Auf Wiesen ist die Acker-Witwenblume die Hauptpollenquelle.

Knautien-Sandbiene

Andrena hattorfiana (Fabricius 1775)

AUSSEHEN Eine große, meist bunt gefärbte Sandbiene. Körperlänge 14–16 mm. Die beiden ersten Hinterleibssegmente sind in der Regel mehr oder weniger rot gefärbt, manchmal allerdings auch ganz schwarz. Am Ende der Segmente ist jeweils eine lockere, dünne weiße Haarbinde ausgebildet. Das Körperende schimmert hellorange.

NISTWEISE Die Nester werden einzeln sehr versteckt im Boden angelegt.

BLÜTENBESUCH Oligolektisch. Die Weibchen sammeln Pollen ausschließlich an Kardengewächsen (Dipsacaceae). Die wichtigste Nahrungspflanze ist die Acker-Witwenblume (*Knautia arvensis*). Deren pink gefärbter Pollen erscheint in den Haarbürsten der Weibchen sehr auffällig. Auch die Tauben-Skabiose (*Scabiosa columbaria*) wird genutzt. Im Botanischen Garten Berlin besteht eine große Population, die unter anderem an den verschiedenen Skabiosenarten Europas sammelt, die dort kultiviert sind.

LEBENSRAUM UND FLUGZEIT Von Mai bis August ist diese attraktive Art auf trockenen Wiesen, Dämmen, Magerrasen und Streuobstwiesen zu finden. Sie ist im Tiefland und in den Mittelgebirgen weit verbreitet. Da blütenreiche Wiesen jedoch immer seltener werden, gilt auch die Knautien-Sandbiene mittlerweile als gefährdet.

KUCKUCKSBIENE Die Wespenbiene *Nomada armata*.

Der weiße Ochsenzungenpollen in der Sammelbürste des Weibchens hebt sich kontrastreich gegen den schwarzen Körper ab.

Ochsenzungen-Sandbiene

Andrena nasuta (Fabricius 1775)

AUSSEHEN Mit 16–18 mm Länge eine unserer größten Sandbienen. Mit Ausnahme einer schütteren grauen Behaarung am Thorax, die vor allem den Männchen einen etwas helleren Eindruck verleiht, tiefschwarz gefärbt. Auch die Sammelbürste an den Hinterbeinen ist schwarz. Sogar die Flügel erscheinen rauchig dunkel.

NISTWEISE Die Nester werden wohl einzeln an wenig bewachsenen Stellen im Boden angelegt.

BLÜTENBESUCH Oligolektisch. Die Weibchen sammeln nur an der Gewöhnlichen Ochsenzunge (*Anchusa officinalis*) Pollen. Bei der Pollenernte in den tiefen Kronröhren helfen offenbar kräftige Borsten am Saugrüssel, sodass die Aufnahme von Pollen und Nektar optimal kombiniert werden kann. Die Männchen trinken Nektar ebenfalls an Ochsenzunge.

LEBENSRAUM UND FLUGZEIT Die Art ist an trockenwarme, sandige Standorte mit großen Ochsenzungenbeständen gebunden. Ursprünglich im südlichen und östlichen Deutschland recht weit verbreitet, aber mittlerweile selten geworden. Die Ochsenzungen-Sandbiene fliegt im Mai und Juni zu Beginn der Blütezeit, während die Ochsenzungen-Seidenbiene die zweite Hälfte der langen Blühphase im Hochsommer nutzt.

KUCKUCKSBIENE Die Wespenbiene *Nomada rostrata*.

Weibchen an Besenheide. Diese Pflanze blüht im August und September häufig auf ehemaligen Truppenübungsplätzen.

Heidekraut-Sandbiene

Andrena fuscipes (Kirby 1802)

AUSSEHEN Mit 8–11 mm ist die Heidekraut-Sandbiene deutlich kleiner als eine Honigbiene. Charakteristisch sind bei Männchen und Weibchen die hellbraunen, recht struppig wirkenden Haarbinden auf dem Hinterleib. Der Thorax ist braun behaart. Insbesondere bei den Männchen verblasst die leicht rotbraune Behaarung zügig zu einem Graubraun.

NISTWEISE Die Weibchen graben die Nistgänge in den Sandboden, oft in kleineren Kolonien.

BLÜTENBESUCH Oligolektisch. In Mitteleuropa dient ausschließlich Besenheide (*Calluna vulgaris*) als Pollenquelle. Zu Beginn der Blütezeit Anfang August erscheinen die Männchen, die an den Blütenständen patrouillieren. Weibchen sind ab Mitte August zahlreicher zu beobachten. An den Blüten der Besenheide lauert oft *Myopa fasciata*, eine Blasenkopffliege (Conopidae), deren Weibchen ihre Eier an den Sandbienen ablegen. Im Körper der Bienen wachsen dann die Fliegenlarven heran.

LEBENSRAUM UND FLUGZEIT Die Heidekraut-Sandbiene ist wie die Heidekraut-Seidenbiene auf große Bestände der Besenheide angewiesen. Daher findet man sie im August und September beispielsweise häufig in der Lüneburger Heide oder in den Sandheiden der (ehemaligen) Truppenübungsplätze, zu denen in Brandenburg etwa Kyritz-Ruppiner Heide und Döberitzer Heide zählen.

KUCKUCKSBIENE Die Heide-Wespenbiene (*Nomada rufipes*).

Paarung auf den Blüten – das Weibchen hat schon sehr viel Pollen in der Beinbürste gesammelt.

Stumpfzähnige Zottelbiene

Panurgus calcaratus (Scopoli 1763)

AUSSEHEN Mit 7–9 mm Länge ziemlich klein. Der lang gestreckte, struppig behaarte Körper glänzt tiefschwarz. Die Sammelhaare an den Beinen sind lang und zottig, sodass bei jedem Sammelflug eine große Menge an Pollen gesammelt werden kann. Die Fühler sind keulenförmig, der Kopf der Männchen ist auffallend groß.

NISTWEISE Die Weibchen legen die Nester oft in Kolonien an Wegrändern, Böschungen oder Steilwänden in sandigem oder lehmigem, vegetationsfreiem Boden an. Mehrere Weibchen können denselben Nistgang benutzen, der sich nach wenigen Zentimetern im Boden verzweigt (kommunale Nistweise).

BLÜTENBESUCH Oligolektisch. Es werden ausschließlich Korbblütler als Pollenquellen genutzt, insbesondere Ferkelkraut, Pippau, Habichtskräuter, Herbst-Löwenzahn und Wegwarte. Die Weibchen wälzen sich in charakteristischer Weise um die Mitte des Blütenstandes.

LEBENSRAUM UND FLUGZEIT Als Lebensraum dienen magere Wiesen, Dämme, Böschungen und Industriebrachen mit einem reichen Angebot an Korbblütlern. Wer seinen Rasen nur teilweise oder nicht zu häufig mäht, sodass Ferkelkraut zur Blüte kommt, kann diese weit verbreiteten Zottelbienen auch leicht in den Garten locken. Flugzeit Juni bis September.

KUCKUCKSBIENE Die Wespenbiene *Nomada fuscicornis*.

Porträts von Weibchen (links) und Männchen auf Rispen-Flockenblume in der Nähe von Halle (Saale).

Salz-Buntbiene

Camptopoeum friesei Mocsáry 1894

AUSSEHEN Mit 6–9 mm eine kleine, aber sehr auffällig gefärbte Biene: Die Augen sind kräftig grün gefärbt, beim Männchen heller als beim Weibchen. Das Gesicht des Männchens ist weitgehend hellgelb gefärbt, beim Weibchen ist es schwarz-gelblich gemustert. Den glänzend schwarzen Hinterleib zieren gelbe Querbinden, insbesondere das Männchen wirkt wespenartig. In Österreich kommt in Löss-Lebensräumen des Burgenlandes und Niederösterreichs mit der Steppen-Buntbiene (*Camptopoeum frontale*) eine ähnliche Art vor. Die Salz-Buntbiene weist im Vergleich zu dieser allerdings eine dichtere Behaarung und meist schmalere Hinterleibsbinden auf.

NISTWEISE Aus Sachsen-Anhalt ist von einem Autorenteam um Christian Koppitz im Jahr 2017 ein Nistplatz von mehreren tausend Buntbienen in salzhaltigen, deponierten Kalkschlämmen beschrieben worden, die terrassiert abgelagert und in ihren Eigenschaften besonders schluffig und formstabil sind. An den Nistplätzen konnten patrouillierende Männchen beobachtet werden.

BLÜTENBESUCH Oligolektisch, auf Korbblütler spezialisiert. Haupt-Pollenquelle ist die Rispen-Flockenblume (*Centaurea stoebe*), daneben sammeln die Weibchen auch auf der Wiesen-Flockenblume (*C. jacea*). Die Männchen suchen diese Pflanzen zum Nektartrinken auf, können aber ebenso an Disteln der Gattungen *Carduus* und *Cirsium* angetroffen werden, die möglicherweise auch für die Weibchen weitere Pollen-

Ein Männchen fliegt ein Weibchen an, das schon große Pollenklumpen an den Hinterbeinen trägt und den Paarungsversuch abwehrt.

quellen darstellen. Die Weibchen befeuchten den Pollen mit Nektar und formen daraus mächtige, helle Klumpen an ihren Hinterschienen.

LEBENSRAUM UND FLUGZEIT

In Deutschland ist die Art abgesehen von einem aktuellen Einzelfund aus Berlin nur aus Sachsen-Anhalt bekannt, und zwar aus der Region um Halle (Saale) und Bernburg (Saale). Diese bemerkenswert individuenreichen Populationen im Mitteldeutschen Trockengebiet sind mindestens seit dem Jahr 1891 dokumentiert. Sie fliegen fast ausschließlich in eng begrenzten Gebieten mit Bergbaugruben und Halden der Kali- und Steinsalzgewinnung. Die trockenwarmen Areale sind mit ausgedehnten Beständen von Rispen-Flockenblumen bewachsen und weisen großflächig ebene und geneigte Rohbodenstandorte auf, die als Nistplätze infrage kommen. In Österreich gibt es größere Vorkommen der Art im Gebiet der Salzböden am Neusiedler See. Die Buntbienen in Sachsen-Anhalt wurden seit ihrer Entdeckung bis zum Frühjahr 2021 der Steppen-Buntbiene (*C. frontale*) zugeordnet. Ewald Jansen und Christoph Saure deckten diesen kuriosen Irrtum, dem viele namhafte Bienenkundler über Generationen gefolgt waren, erst zu diesem Zeitpunkt mit einem Beitrag in der Zeitschrift „Eucera" auf.
Die Flugzeit der Salz-Buntbiene reicht von Juli bis Mitte August.

KUCKUCKSBIENE In Österreich die Kurzhornbiene *Parammobatodes minutus*.

Weibchen sammelt Pollen an Gewöhnlichem Ferkelkraut (*Hypochaeris radicata*).

Gelbbindige Furchenbiene, Braunfilzige Furchenbiene

Halictus scabiosae (Rossi 1790)

AUSSEHEN Mit 12–14 mm eine unserer drei großen Furchenbienenarten. Die Gelbbindige Furchenbiene ist eindeutig an den breiten ockergelben Querbinden auf den Hinterleibssegmenten zu erkennen. An der Basis der Segmente ist außerdem jeweils eine weitere, meist etwas hellere Querbinde aus filziger Behaarung ausgebildet, sodass der Eindruck von „Doppelbinden" entsteht. Ältere, abgeflogene Exemplare, bei denen diese Behaarung abgerieben und die gelbe Färbung verblasst ist, können mit der Sechsbindigen Furchenbiene (*Halictus sexcinctus*) verwechselt werden. Die schlankeren Männchen sind auch an den langen, komplett schwarzen Fühlern leicht von den Weibchen zu unterscheiden.

NISTWEISE Die Gelbbindige Furchenbiene nistet in selbst gegrabenen Hohlräumen sowohl in ebenen, möglichst vegetationsfreien Flächen, etwa in sandigen Wegen, als auch in Böschungen und Steilwänden, oft in größeren Kolonien. Sie ist eine der verhältnismäßig wenigen Wildbienen, die nicht solitär leben, sondern wird als „primitiv eusozial" bezeichnet. Im Frühling gründen mehrere Weibchen gemeinsam ein Nest, in dem ein dominantes Weibchen die Eier legt und den Nesteingang bewacht. Die Hilfsweibchen werden nach einiger Zeit vom Hauptweibchen vertrieben, gründen dann eigene Nester und können dabei sogar die Nester anderer Bienenarten feindlich übernehmen. Die ersten weiblichen Nachkommen im

Der Blütenstand einer Gewöhnlichen Kratzdistel (*Cirsium vulgare*) dient als Paarungsplatz.

Mutternest bleiben jedoch nun meist als Arbeiterinnen dort, während die Weibchen der im Spätsommer schlüpfenden zweiten Brut sich mit den ebenfalls frisch geschlüpften Männchen paaren, danach überwintern und im nächsten Frühjahr neue Kolonien gründen.

BLÜTENBESUCH Polylektisch mit einer ausgeprägten Vorliebe für Korbblütler, beispielsweise Ferkelkraut, Wiesen-Pippau, Gewöhnliche Kratzdistel, Ackerkratzdistel, Eselsdistel und Gewöhnliches Bitterkraut. Die Blüten dienen auch als Rendezvousplätze: Im Juli schwärmen die Männchen insbesondere um hoch aufgewachsene Disteln und paaren sich hier mit den Weibchen.

LEBENSRAUM UND FLUGZEIT Trockenwarme Standorte: Magere Wiesen, Dämme, Brachen, Gärten. Vor wenigen Jahrzehnten war die wärmeliebende Art in Deutschland auf den äußersten Südwesten beschränkt. Noch 1990 führte Paul Westrich sie in den „Wildbienen Baden-Württembergs" als selten, stark gefährdet und an vielen Standorten erloschen. Seither hat sie offenbar von den zahlreichen überdurchschnittlich warmen Sommern profitiert und sich in Deutschland rasant ausgebreitet – sogar im Nordosten rund um Berlin ist sie bereits häufig. Die Flugzeit reicht von Ende April bis mindestens August.

KUCKUCKSBIENE Die Blutbiene *Sphecodes gibbus*.

Weibchen sammelt Pollen auf Frühlings-Greiskraut.

Vierbindige Furchenbiene

Halictus quadricinctus (Fabricius 1776)

AUSSEHEN Mit 14–16 mm unsere größte Furchenbiene. Die weißen Querbinden auf den Hinterleibssegmenten werden zur Mitte hin schmaler und sind dort unterbrochen. Dies ist ein wichtiger Unterschied zur Sechsbindigen Furchenbiene. Die Männchen sind schlanker, ihr Hinterleib verbreitert sich jedoch leicht zum Ende hin und zeigt vier weiße Querbinden (Name!). Die Fühler der Männchen sind unterseits lang bewimpert.

NISTWEISE Nistet bevorzugt in Steilwänden, Böschungen, aber auch in Wegen und lückigen Äckern, meist in lehmigem, aber auch sandigem Boden, oft in Kolonien, jedoch im Gegensatz zur Gelbbindigen Furchenbiene solitär. Die Weibchen fertigen eine Grabwabe an, zu der ein etwa 10 cm langer Hauptgang führt. In der Grabwabe, die von einem Hohlraum eingefasst wird, liegen meist 15–20 Brutzellen.

BLÜTENBESUCH Polylektisch, besonders oft an verschiedenen Korbblütlern zu beobachten, aber beispielsweise auch an Klatschmohn und Acker-Witwenblume.

LEBENSRAUM UND FLUGZEIT Magere Wiesen, Sand- und Lehmgruben, Ruderalvegetation. Nach der Überwinterung erscheinen die Weibchen ab April, ab Juli fliegen die Männchen. Die Art gilt als selten, tritt aber beispielsweise in Brandenburg gerade in jüngerer Zeit an vielen trockenwarmen Standorten sehr zahlreich auf.

KUCKUCKSBIENE Die Blutbiene *Sphecodes gibbus*.

Ende Juli erscheint dieses Männchen im Garten, um an Lavendelblüten Nektar zu trinken.

Sechsbindige Furchenbiene, Weißbindige Furchenbiene

Halictus sexcinctus (Fabricius 1775)

AUSSEHEN Mit 13–16 mm auffallend groß, mit breiten weißen Querbinden auf den Hinterleibssegmenten. Die Querbinden sind im Unterschied zur Vierbindigen Furchenbiene in der Mitte nicht verschmälert. Die Fühler der Männchen sind in charakteristischer Weise überwiegend rötlich gelb, die schwarzen Spitzen hakenförmig gebogen. Den sehr lang gestreckten Hinterleib der Männchen zieren sechs weiße Querbinden (Name!), die letzte ist allerdings etwas undeutlich.

NISTWEISE Die Nester werden im sandigen oder lehmigen Boden von Wegen, Böschungen oder Steilwänden angelegt. Die Weibchen nisten solitär, oft in Kolonien. Mehrere Weibchen können einen gemeinsamen Nesteingang benutzen. Von einem verzweigten Hauptgang führen Seitengänge zu den Brutzellen.

BLÜTENBESUCH Die Sechsbindige Furchenbiene ist polylektisch, besucht aber besonders gern Korbblütler wie Disteln, Flockenblumen oder Ferkelkraut.

LEBENSRAUM UND FLUGZEIT Auf Binnendünen, in Heiden, Kiesgruben und Weinbergen kann man diese eher seltene und im Rückgang begriffene Art antretten.
In Sandgebieten kann sie auch in Gärten beobachtet werden. Weibchen fliegen ab April, Männchen ab Juli.

KUCKUCKSBIENE Die Blutbiene *Sphecodes gibbus*.

Dieses Weibchen besucht im April Löwenzahnblüten.

Rotbeinige Furchenbiene

Halictus rubicundus (Christ 1791)

AUSSEHEN Die Weibchen dieser 9–12 mm großen Biene lassen sich gut bestimmen: Die weißen Querbinden auf dem Hinterleib sind deutlich, aber sehr schmal ausgebildet. Der Thorax ist rotbraun behaart. Namensgebend sind die rötlich behaarten Schienen der Hinterbeine. Die Männchen hingegen sind kaum von anderen Furchenbienen-Männchen zu unterscheiden.

NISTWEISE Die Nester werden in den Boden gegraben; die Eingänge werden manchmal direkt auf oder an Wegen gefunden. Die Ansprüche an die Bodenbeschaffenheit sind nicht hoch. Bemerkenswert ist, dass die Rotbeinige Furchenbiene in kühlen Regionen solitär, in wärmeren jedoch primitiv eusozial lebt. Das bedeutet, dass dort zunächst eine Brut mit Hilfsweibchen (Arbeiterinnen) produziert wird. Im Spätsommer schlüpfen dann Männchen und Weibchen.

BLÜTENBESUCH Polylektisch. Im Frühling häufig an Löwenzahn und blühenden Apfelbäumen zu finden, im Spätsommer unter anderem auf Rainfarn und Disteln.

LEBENSRAUM UND FLUGZEIT Weit verbreitet und recht häufig in Kiesgruben, auf Brachen und Wiesen, an Waldrändern und in Gärten. Sie zählt im Garten neben einigen Sand- und Mauerbienen zu den charakteristischen Frühlingsboten. Die Weibchen erscheinen nach der Überwinterung bereits Anfang April, die Männchen ab Juli.

KUCKUCKSBIENE Die Blutbiene *Sphecodes gibbus*.

Dieses Weibchen sammelt den violetten Pollen des Berg-Sandglöckchens.

Glockenblumen-Schmalbiene

Lasioglossum costulatum (Kriechbaumer 1873)

AUSSEHEN Schmalbienen (Gattung *Lasioglossum*) sind kleine bis mittelgroße Bienen. Der schmale, rundlich endende Körper mit einer Längsfurche am Ende und hellen Binden an der Basis der Hinterleibssegmente (bei der nah verwandten Gattung *Halictus*: am Ende der Segmente!) liefert zwar ein typisches Erscheinungsbild der artenreichen Gattung, die Arten sind aber fast immer nur von Spezialisten mithilfe von optischen Hilfsmitteln an Hand präparierter Tiere zu bestimmen. Die Glockenblumen-Schmalbiene ist etwa 10 mm lang und schwarz gefärbt mit einer schütteren hellgrauen Behaarung an Kopf und Thorax. Auffällig sind die breiten weißen Flecken am zweiten und dritten Hinterleibssegment sowie die breite weiße Binde auf dem vierten Segment. Der spezielle Blütenbesuch hilft bei der Unterscheidung von ähnlichen Arten.

NISTWEISE Nistet solitär im Sandboden.

BLÜTENBESUCH Oligolektisch. Die Weibchen sammeln an verschiedenen Glockenblumen (Gattung *Campanula*) und den Blütenköpfchen des Berg-Sandglöckchens (*Jasione montana*), das ebenfalls zu den Glockenblumengewächsen zählt.

LEBENSRAUM UND FLUGZEIT Die Art ist verbreitet, aber nur mäßig häufig von Ende April bis in den Herbst auf mageren Wiesen, Dämmen, Brachen und in Kiesgruben zu finden.

KUCKUCKSBIENEN Unbekannt.

Dieses Weibchen kehrt mit leuchtend gelbem Pollen zum Nest zurück.

Pförtner-Schmalbiene, Feldweg-Schmalbiene

Lasioglossum malachurum (Kirby 1802)

AUSSEHEN Die 8–10 mm langen Weibchen sind dunkelbraun mit hellen Binden. Die Art ist äußerlich im Gelände nicht von zahlreichen ähnlichen Schmalbienen zu unterscheiden. Die Gestalt der Nesteingänge und das Verhalten am Nistplatz liefern allerdings gute Hinweise für die Bestimmung.

NISTWEISE Die Nester werden in vegetationsfreiem, stark verdichtetem Boden auf ebenen Flächen angelegt, zum Beispiel auf Feldwegen oder in Lehmgruben. Die Pförtner-Schmalbiene nistet in Kolonien, die mehrere Hundert Nester umfassen können. Der Aushub wird zu einem ringförmigen Erdwall aufgehäuft, in dessen Mitte das kleine Eingangsloch zum Nistgang liegt. Dieses wird von einer Wächterin mit dem Kopf „verschlossen". Die Pförtner-Schmalbiene lebt wie einige weitere Arten der Gattung *Lasioglossum* „primitiv eusozial", und zwar mit einem recht komplexen Ablauf im Jahresverlauf: Im Frühling gründen Weibchen als „Königinnen" stets einzeln ein Nest, indem sie einen Hauptgang etwa 10–15 cm tief ausheben und daran anschließend eine Wabe mit bis zu acht Brutzellen bauen. Darin entwickeln sich deutlich kleinere Arbeiterinnen. Mit deren Hilfe werden im Sommer aus offenen Brutzellen, die entlang mehrerer Gänge liegen, Männchen und neue Königinnen produziert. Die Arbeiterinnen können selbst auch

Ausschnitt einer typischen Nistkolonie der Pförtner-Schmalbiene.

unbefruchtete Eier legen, aus denen Männchen schlüpfen. In Südeuropa ist zwischen die erste Arbeiterinnenbrut und die Produktion der neuen Königinnen noch eine zweite Arbeiterinnenbrut geschaltet. Sie erfolgt in Nistzellen, die an dem in die Tiefe verlängerten Hauptgang liegen. So wächst das kleine Sommervolk auf eine beachtliche Größe heran, und es können im August rund 200 Männchen und Jungköniginnen schlüpfen. In den Pausen zwischen den einzelnen Bruten werden die Nesteingänge jeweils für einige Zeit fest mit Erde verschlossen. Nach der Paarung überdauern nur die neuen Königinnen den Winter in ihren Geburtsnestern.

BLÜTENBESUCH Die Pförtner-Schmalbiene ist wie fast alle Schmalbienen polylektisch. Die Weibchen sammeln an vielen verschiedenen Pflanzen.

LEBENSRAUM UND FLUGZEIT In offenen Landschaften, vor allem mit Lehmböden, verbreitet und häufig. Die Flugzeit reicht von April bis Oktober, Männchen erscheinen ab Ende Juli.

KUCKUCKSBIENE Die Blutbiene *Sphecodes monilicornis*. Die Weibchen dieser Kuckucksbiene können die Wächterinnen mit Stichen töten, um in das Nest einzudringen. Auch die übrigen Arbeiterinnen der Wirtsbiene im Nest können erstochen oder vertrieben werden.

Ein Weibchen mit dem weißen Pollen der Schwarznessel (*Ballota nigra*) in der Beinbürste.

Späte Schlürfbiene

Rophites quinquespinosus Spinola 1808

AUSSEHEN Schlürfbienen verfügen über eine einzigartige Struktur zur Pollenernte, nämlich zu Stacheln umgebildete Haare auf der Stirn. Die Späte Schlürfbiene ist 8–10 mm lang und hellbraun behaart. Die Hinterleibssegmente werden von hellen Binden gesäumt. Die untere Gesichtshälfte ist bürstenartig behaart. Die schmalen Männchen tragen lange Fühler. Äußerlich ist die Späte Schlürfbiene im Gelände nicht von der Frühen Schlürfbiene (*Rophites algirus*) unterscheidbar, die allerdings bereits ab Mitte Juni fliegt.

NISTWEISE Die Weibchen graben Nistgänge oft in kleinen Kolonien etwa 15–25 tief in wenig bewachsene, sandige oder lehmige Hänge.

BLÜTENBESUCH Oligolektisch, an kleinblütige Lippenblütler gebunden. Wichtigste Pollenquellen sind Schwarznessel und Heilziest. Die Frühe Schlürfbiene nutzt hauptsächlich Aufrechten Ziest. Die Stirnstacheln werden gegen die Staubbeutel gedrückt, die Pollenkörner mit vibrierenden Bewegungen herausgekämmt und dann mit den Vorderbeinen vom Kopf gewischt.

LEBENSRAUM UND FLUGZEIT Trockenwarme Magerrasen und Ruderalstellen. Sehr selten, vorwiegend im Süden und im Osten (Brandenburg). Flugzeit von Mitte Juli bis Mitte August.

KUCKUCKSBIENE Die Kraftbiene *Biastes emarginatus*.

Ein Männchen in einer Blüte der Acker-Winde (*Convolvulus arvensis*).

Kleine Spiralhornbiene

Systropha curvicornis (Scopoli 1770)

AUSSEHEN Die schwarz gefärbten Spiralhornbienen sind nach den Fühlern der Männchen benannt, deren Endglieder dreieckig aufgerollt sind. Die Fühler der Weibchen sind kurz und keulenförmig. Der walzenförmige Hinterleib ist vor allem bei den Weibchen kräftig behaart. Die Kleine Spiralhornbiene ist etwa 10 mm lang und äußerlich kaum von der Großen Spiralhornbiene (*Systropha planidens*) zu unterscheiden, die allerdings in Deutschland nur im Südwesten zu finden ist.

NISTWEISE Spiralhornbienen graben ihre Nistgänge in Kolonien bis zu 50 cm tief in möglichst vegetationsfreien, ebenen oder schwach geneigten Boden.

BLÜTENBESUCH Streng oligolektisch: Acker-Winde ist die einzige Pollenquelle. Einzigartig ist die Nutzung nahezu der gesamten Oberfläche des Hinterleibs als Pollenspeicher. Die Weibchen stürzen sich in die Windenblüten hinein, bürsten mit den Haaren der Hinterbeine den weißen Pollen aus den Staubbeuteln und lagern ihn auf den Hinterleib um.

LEBENSRAUM UND FLUGZEIT Brachflächen, trockene Weiden, Binnendünen. Aktuell nur noch an wenigen Stellen in Berlin, Brandenburg und Sachsen-Anhalt nachgewiesen. Sehr selten, von starkem Rückgang betroffen. Flugzeit im Juli und August.

KUCKUCKSBIENE Die Kraftbiene *Biastes brevicornis*.

Ein Weibchen im April an einem Waldrand.

Große Blutbiene, Auen-Buckelbiene

Sphecodes albilabris (Fabricius 1793)

AUSSEHEN Mit 11–13 mm Körperlänge ist *Sphecodes albilabris* die größte heimische Blut- oder Buckelbiene. Der Hinterleib ist nahezu komplett hellrot gefärbt, Kopf und Brust sind schwarz, die Flügel rauchig dunkel. Diese sehr auffällige Art ist die einzige der Gattung *Sphecodes*, die sich sicher im Gelände bestimmen lässt. Die übrigen Blutbienen sind in den meisten Fällen deutlich kleiner; ihr roter Hinterleib ist am Ende mehr oder weniger ausgedehnt schwarz gefärbt.

WIRT Nach der Überwinterung sind die Weibchen im zeitigen Frühjahr an den Nistplätzen der Frühlings-Seidenbiene (*Colletes cunicularius*) zu finden. In langsamem Suchflug patrouillieren sie auf Binnendünen, an Wegrändern, Abbruchkanten und in Kiesgruben und dringen in offene Nesteingänge ein. In einer Nistzelle legt die Kuckucksbiene, wohl nach Beseitigung des Seidenbieneneis, ein Ei zu dem von der Wirtsbiene eingetragenen Vorrat aus Nektar und Pollen. Hier wächst die Blutbienenlarve bestens versorgt heran.

BLÜTENBESUCH Im Spätsommer trinken die Großen Blutbienen an verschiedenen Pflanzen Nektar, beispielsweise an Wasserdost (*Eupatorium cannabinum*), Rispen-Flockenblume (*Centaurea stoebe*), Kanadischer Goldrute (*Solidago canadensis*) und Besenheide (*Calluna vulgaris*).

Männchen beim sommerlichen Blütenbesuch auf Rispen-Flockenblume.

LEBENSRAUM UND FLUGZEIT Weit verbreitet. Von März bis Mai erscheinen die Weibchen an den sandigen Nistplätzen der Wirte. Aufgrund des leuchtend roten Hinterleibs an Waldwegen und Waldrändern bei Frühlingsspaziergängen nicht zu übersehen. Im Gegensatz zur Frühlings-Seidenbiene erscheint diese rot-schwarze Kuckucksbiene bereits im Sommer erneut: Männchen und Weibchen der Großen Blutbiene schlüpfen ab Juli aus den Nestern. Beide Geschlechter, vor allem aber die an ihrer weißen Gesichtsbehaarung erkennbaren Männchen, suchen jetzt reichlich Blütennektar und kommen dabei auch in Gärten. Im August findet die Paarung statt. Allerdings überwintern nur die Weibchen, um im nächsten Frühjahr wieder nach Seidenbienennestern zu suchen.

ANMERKUNGEN In Deutschland kommen 25 Arten von Blut- oder Buckelbienen (Gattung *Sphecodes*) vor, von denen die meisten an Schmal- oder Furchenbienen (Gattungen *Lasioglossum* und *Halictus*), einige auch an Sandbienen (*Andrena*) schmarotzen. Von einigen ist bekannt, dass sie am Nistplatz aggressiv auf die Anwesenheit ihrer Wirtsbienen reagieren und diese durch Stiche töten können (Näheres dazu im Text zur Pförtner-Schmalbiene, *Lasioglossum malachurum*).

Weibchen in der Kronröhre der Nesselblättrigen Glockenblume (*Campanula trachelium*) im Botanischen Garten Berlin.

Glockenblumen-Sägehornbiene

Melitta haemorrhoidalis (Fabricius 1775)

AUSSEHEN Namensgebend sind die Fühlerglieder der männlichen Sägehornbienen, die bei genauerer Betrachtung wie gesägt aussehen. Die etwa 12 mm langen Weibchen der Glockenblumen-Sägehornbiene tragen sehr schmale weiße Haarbinden auf den Hinterleibssegmenten. Das Körperende ist stets hellrot behaart. Die Männchen weisen eine längere braune Behaarung auf.

NISTWEISE Die Nester werden im Boden angelegt.

BLÜTENBESUCH Oligolektisch, an Glockenblumen als Pollenquelle gebunden. In ihren Blüten schlafen die Männchen, hier trinken sie auch Nektar und suchen nach Weibchen.

LEBENSRAUM UND FLUGZEIT Zu den Lebensräumen zählen Hecken, Weg- und Waldränder, Lichtungen, Parks und Gärten. Flugzeit von Mitte Juli bis Anfang September.

KUCKUCKSBIENEN Die Wespenbienen *Nomada emarginata* und wohl auch *Nomada flavopicta*.

TIPP: PFLANZT GLOCKENBLUMEN!

Die Glockenblumen-Sägehornbiene leidet wie mehrere andere Wildbienenarten unter dem Rückgang der Glockenblumen in der Feldflur. Eine recht sichere Möglichkeit, die weit verbreitete Art zu beobachten, bieten botanische Gärten mit ihren Glockenblumenbeeten. Glockenblumen im Garten können also im Sinne der Ästhetik und der Wildbienen viel bewirken!

Weibchen (links) und Männchen, auf Bastard-Luzerne (*Medicago x varia*) am Wegesrand ruhend.

Luzerne-Sägehornbiene
Melitta leporina (Panzer 1799)

AUSSEHEN Das rund 12 mm lange Weibchen trägt breite hellbraune Haarbinden am Hinterleib. Die Männchen sind struppig behaart und ähneln stark den Männchen der Braunbürstigen Hosenbiene (*Dasypoda hirtipes*). Die braune Behaarung verblasst bei beiden Geschlechtern nach einiger Zeit zu einem weißlichen Grau.

NISTWEISE Die Weibchen graben die Nistgänge versteckt zwischen der Vegetation in den Boden.

BLÜTENBESUCH Oligolektisch, auf Schmetterlingsblütler spezialisiert. Luzerne (*Medicago sativa*) ist die Hauptpollenquelle, außerdem Sichelklee (*Medicago falcata*) sowie verschiedene Klee- und Steinkleearten. Der Pollen wird beim Sammeln mit Nektar befeuchtet. An den Hinterschienen entstehen so mächtige Pollenklumpen. Die Männchen patrouillieren in schnellem Flug zwischen den Nahrungspflanzen der Weibchen.

LEBENSRAUM UND FLUGZEIT In Berlin und Brandenburg kann die weit verbreitete Art im Juli und August sehr häufig an wenig „gepflegten" Wegrändern und auf Brachen beobachtet werden, wo Bastardluzerne (*Medicago x varia*) als Nahrungsquelle dient. Typische Lebensräume sind außerdem Felder, Dämme, Böschungen, Kiesgruben und Weinberge mit Luzernebeständen.

KUCKUCKSBIENE Die Greiskraut-Wespenbiene (*Nomada flavopicta*).

Weibchen mit bunter Pollenmasse an Blutweiderich (*Lythrum salicaria*). Es sammelt ausschließlich an dieser Pflanze.

Blutweiderich-Sägehornbiene

Melitta nigricans Alfken 1905

AUSSEHEN 10–12 mm lang. Männchen und Weibchen mit schmalen, aber deutlichen weißen Binden auf dem Hinterleib. Die Männchen sind zierlicher und auch an den längeren, gebogenen Fühlern zu erkennen.

NISTWEISE Die Nester werden im Boden von Böschungen oder Abbruchkanten angelegt.

BLÜTENBESUCH Auch die Blutweiderich-Sägehornbiene ist oligolektisch an ihre namensgebende Pflanze, nämlich Blutweiderich (*Lythrum salicaria*), gebunden. Auf der Außenseite der Beine reichern die Weibchen den mit Nektar befeuchteten Pollen zu lang gestreckten, farbenprächtigen Klumpen an. Sie sammeln nämlich den bläulichen Pollen der langen Staubblätter wie auch den gelben Pollen kurzer Staubblätter. In der Mischung entsteht eine gelb-grün-bläuliche Pollenmasse.
Die Männchen patrouillieren regelmäßig um die Blutweiderichblüten und trinken hier Nektar.

LEBENSRAUM UND FLUGZEIT Diese Art lebt in Feuchtgebieten mit großen Blutweiderichbeständen. Man findet sie daher in Flussauen, an Seeufern, auf Feuchtwiesen, in Niedermooren und entlang von Gräben. Sie fliegt im Juli und August, oft gleichzeitig und am gleichen Ort wie die Auen-Schenkelbiene (*Macropis europaea*).

KUCKUCKSBIENE Möglicherweise die Greiskraut-Wespenbiene (*Nomada flavopicta*).

Dieses Weibchen sammelt in der Döberitzer Heide Pollen und Nektar an Rotem Zahntrost (*Odontites vulgaris*).

Zahntrost-Sägehornbiene

Melitta tricincta Kirby 1802

AUSSEHEN Auch diese Sägehornbiene ist etwa 10–12 mm lang und durch helle Hinterleibsbinden gekennzeichnet, die nur wenig breiter als bei der sehr ähnlichen Blutweiderich-Sägehornbiene sind. Allerdings sind beide Arten auf unterschiedliche Pflanzen spezialisiert.

NISTWEISE Die Nester werden im Boden angelegt.

BLÜTENBESUCH Wie alle heimischen Sägehornbienen streng oligolektisch. Die wichtigste Pollenquelle ist der Rote Zahntrost (*Odontites vulgaris*), daneben – auf Kalkböden – auch der Gelbe Zahntrost (*Odontites luteus*). Die Weibchen feuchten den Pollen mit Nektar an und transportieren beachtliche Pollenladungen an den Hinterbeinen. Die Männchen patrouillieren um die Zahntrostpflanzen und lassen sich jeweils nur kurz an den Blüten nieder, um Nektar aufzunehmen.

LEBENSRAUM UND FLUGZEIT Zu den Lebensräumen zählen Binnendünen, Kiesgruben, Dämme, Böschungen, Brachen, (nicht vor Ende der Blütezeit gemähte!) Wegränder, vor allem aber extensive Schaf- und Pferdeweiden. Die Tiere verschmähen den Zahntrost und fördern ihn daher, sofern der Tierbesatz nicht zu hoch ist. Die Flugzeit liegt spät im Jahr, im August und September.

KUCKUCKSBIENE Die Greiskraut-Wespenbiene (*Nomada flavopicta*).

Weibchen mit „Ölkuchen" beim Blütenbesuch an Gewöhnlichem Gilbweiderich.

Auen-Schenkelbiene

Macropis europaea Warncke 1973

AUSSEHEN Mit 8–10 mm Länge eine eher kleine dunkle Biene mit schmalen weißen Hinterleibsbinden. Kennzeichen der Männchen sind eine hellgelbe Gesichtsmaske und die deutlich verdickten und damit namensgebenden Schenkel der Hinterbeine. Die Weibchen weisen an den Hinterschienen eine weiße Behaarung in deutlichem Kontrast zu den schwarz behaarten Fersen auf. Dies erkennt man zwar in der Regel nicht, wenn die Hinterbeine mit Pollen beladen sind, es ist aber ein entscheidendes Merkmal zur Abgrenzung von der nah verwandten Wald-Schenkelbiene (*Macropis fulvipes*) mit bräunlich behaarten Hinterschienen und Fersen. Deren frühere Flugzeit ist allerdings neben meist anderen Lebensraum- und Nahrungspräferenzen ebenfalls bei der Bestimmung hilfreich.

NISTWEISE Bis zu acht Brutzellen werden im Boden in höchstens 10 cm Tiefe am Ende von Seitengängen angefertigt, die von einem Hauptgang abzweigen. Um die Brutzellen gegen eindringende Feuchtigkeit zu schützen, kleiden die Weibchen sie mit dem wasserabweisenden Blütenöl aus. Die Nesteingänge werden wohl meist sehr versteckt angelegt.

BLÜTENBESUCH Streng oligolektisch, auf Gilbweiderich spezialisiert. Hauptpollenquelle ist der Gewöhnliche Gilbweiderich (*Lysimachia vulgaris*). Er stellt zusätzlich zum Pollen Blütenöle bereit.

Männchen während einer kurzen Zwischenlandung auf einem Blatt.

Schenkelbienen sind die einzigen Öl sammelnden Bienen Mitteleuropas. Sie nehmen die Blütenöle mithilfe von Saugpolstern an den Innenseiten des ersten und zweiten Beinpaares von den Öldrüsen der Gilbweiderichblüten auf. Zusammen mit dem Pollen formen sie an den Sammelapparaten der Hinterbeine einen massigen, glänzenden, grob krümelig wirkenden „Ölkuchen". Während des Blütenbesuchs werden die Hinterbeine in eigentümlicher Weise senkrecht nach oben gestreckt. Die Männchen patrouillieren auf der Suche nach Weibchen regelmäßig an den Gilbweiderichblüten. Da Gilbweiderich keinen Nektar liefert, müssen die Schenkelbienen ihren eigenen Energiebedarf an anderen Blüten in der näheren Umgebung decken. Besonders beliebt ist Sumpf-Storchschnabel (*Geranium palustre*).

LEBENSRAUM UND FLUGZEIT Von Ende Juni bis August fliegt die Auen-Schenkelbiene auf Feuchtwiesen, in Niedermooren, am Ufer von Bächen und Gräben und in Flussauen. Schon einige Wochen früher beginnt die Flugzeit der Wald-Schenkelbiene. Sie sammelt Pollen und Öl hauptsächlich auf Waldlichtungen und an Waldrändern an Pfennigkraut (*Lysimachia nummularia*) sowie auch in Gärten an Punkt-Gilbweiderich (*Lysimachia punctata*).

KUCKUCKSBIENE Die Schmuckbiene (*Epeoloides coecutiens*).

Weibchen sammelt den weißen Pollen der Wegwarte (*Cichorium intybus*).

Braunbürstige Hosenbiene

Dasypoda hirtipes (Fabricius 1793)

AUSSEHEN Die Braunbürstige Hosenbiene ist eine große (12–15 mm), auffällige Charakterart sandiger Lebensräume. Die Weibchen tragen weiße Binden am Rand der Hinterleibssegmente, sind aber vor allem durch überdimensional lange braune Schienenbürsten an den Hinterbeinen gekennzeichnet, die dem Pollentransport dienen. Die Männchen sind insgesamt lang und struppig behaart und denen der Luzerne-Sägehornbiene ähnlich.

NISTWEISE Hosenbienen nisten in sandigem Boden an offenen oder schütter bewachsenen Stellen, in ebenen Flächen ebenso wie in Hängen. Jeder Nesteingang ist durch einen Auswurfhügel gekennzeichnet, in dessen Mitte ein großes rundes Einflugsloch liegt. Hosenbienenkolonien liegen oft mitten auf Sandwegen oder in Fugen zwischen Pflastersteinen, auch innerhalb von Ortschaften. Der Nistgang führt 20-60 cm in die Tiefe; von ihm zweigen waagerechte Seitengänge zu den Brutzellen ab.

BLÜTENBESUCH Oligolektisch, auf Korbblütler (Asteraceae) spezialisiert. In Sandgebieten kann man Hosenbienenweibchen in den nur vormittags geöffneten Blüten der Wegwarte (*Cichorium intybus*) zuverlässig dabei beobachten, wie sie um die Mitte der Blütenkörbe herumwirbeln und dabei ihre Haarbürsten so mit trockenem Pollen anreichern, dass diese sich zu riesigen „Hosen" erweitern. Sehr beliebt sind bei Hosenbienen auch die gelben Blütenkörbe von Ferkelkraut,

Weibchen kehrt mit gelbem Pollen zum Nest zurück.

Pippau, Habichtskräutern, Gänsedisteln und Bitterkraut. Die Männchen patrouillieren in äußerst rasantem Flug zwischen den Blütenkörben und trinken an ihnen ebenfalls in raschen Drehbewegungen Nektar.

LEBENSRAUM UND FLUGZEIT Die Braunbürstige Hosenbiene ist eine typische Hochsommerart, die im Juli und August aktiv ist. Ihr Verbreitungsschwerpunkt liegt in Sandgebieten, wo sie Straßen- und Wegränder, Brachen und sonstige Ruderalstellen, Dämme und Kiesgruben, aber auch Gärten besiedelt.

KUCKUCKSBIENE Die Braunbürstige Hosenbiene hat keine Kuckucksbiene, aber mit der Satellitenfliege *Miltogramma oestraceum* eine hartnäckige Gegenspielerin, die ihr an ihren Nistplätzen auflauert, sogar Verfolgungsflüge startet und ihre Eier in verproviantierte Nistzellen legt, wo sich dann die Fliegenlarven vom Pollen-Nektar-Gemisch ernähren.

TIPP: WENIGER RASENMÄHEN!
Wer Hosenbienen, Gelbbindige Furchenbienen oder Stumpfzähnige Zottelbienen im eigenen Garten beobachten will, sollte seinen Rasen seltener mähen, sodass gelbe Korbblütler wie das Ferkelkraut (*Hypochaeris radicata*) zur Blüte kommen können. Auch Klee und andere Blüten machen den Rasen schnell zur Bienenweide!

Dieses Weibchen hat sein Nest im Bambusrohr an einer Nisthilfe soeben mit Lehm verschlossen.

Gehörnte Mauerbiene

Osmia cornuta (Latreille 1805)

AUSSEHEN Eine recht große (10–15 mm), sehr auffällig gefärbte Art: Beim Weibchen sind Kopf und Thorax schwarz, der Hinterleib hingegen ist lang und dicht rotbraun behaart. In ihrer Gestalt erinnern die Weibchen entfernt an Hummeln. Im Gesicht tragen sie zwei nach vorn gerichtete „Hörner". Die Männchen sind kleiner, ähnlich gefärbt und tragen im Gesicht ein kräftiges weißes Haarbüschel.

NISTWEISE Als Nistplatz dienen vorhandene Hohlräume. Man kann die Weibchen im Frühjahr dabei beobachten, wie sie Hauswände auf der Südseite nach geeigneten Nistplätzen absuchen. Sie finden sie in Ritzen und Spalten, in verlassenen Bauten von Pelzbienen oder Lehmwespen, vor allem aber in alten Bohrlöchern. Daher kann man diese Art sehr leicht mit einem entsprechenden Angebot anlocken: Nisthilfen aus Bambusröhren oder sauber gebohrte Löcher (Durchmesser: 7–9 mm) in Holzblöcken werden gern angenommen, wenn sie in möglichst sonnenexponierter Lage an der Wand befestigt werden. Darin errichten die Weibchen linienförmige Bauten mit bis zu zwölf Nistzellen. In den hinteren Zellen entwickeln sich Weibchen, in den vorderen Männchen aus den Larven. Als Nistmaterial dient feuchter Lehm, der an entsprechenden Bodenstellen, beispielsweise am Rand von Pfützen oder an Gewässerufern, aufgesammelt und in Form

Dieses Männchen trinkt Nektar an Rosmarinblüten im Garten. Rosmarin wird im Frühjahr von sehr vielen Bienenarten aufgesucht.

kleiner Kugeln mit den Mundwerkzeugen zum Nest geflogen wird. In größeren Hohlräumen ordnet die Gehörnte Mauerbiene ihre Nistzellen zu Haufenbauten an. Im Laufe des Sommers ernähren sich die Larven von dem eingetragenen Pollen-Nektar-Gemisch und spinnen anschließend einen Kokon. Noch vor dem Herbst schlüpfen die erwachsenen Bienen aus den Puppen, bleiben aber bis zum Frühjahr in den Kokons.

BLÜTENBESUCH Polylektisch. Der Blütenbesuch ist äußerst vielseitig und schließt viele Frühblüher wie Traubenhyazinthen ein.

Eine größere Rolle spielen blühende Obstbäume (Aprikose, Kirsche, Pflaume, Birne, Apfel); daher werden Kokons dieser Art in mehreren Ländern gehandelt, um Obstbaumplantagen bestäuben zu lassen. Der Pollen wird in der Bauchbürste gesammelt.

LEBENSRAUM UND FLUGZEIT Weit verbreitet, im Norden Deutschlands seltener, im Süden vor allem in wärmebegünstigten Regionen meist sehr häufig. Eine charakteristische Art in Gärten und Parkanlagen, auch im Zentrum von Großstädten. Die Gehörnte Mauerbiene erscheint an den ersten milden Frühlingstagen im März und bleibt bis Anfang Mai aktiv. Zuerst schlüpfen die Männchen, die an den Nistplätzen schon auf die schlüpfenden Weibchen warten.

KUCKUCKSBIENEN Keine.

Männchen und Weibchen kurz nach der Paarung auf dem Schutzdraht vor einer Nisthilfe. Die Behaarung des Männchens ist schon stark verblasst.

Rostrote Mauerbiene

Osmia bicornis (Linnaeus 1758)
Synonym: *Osmia rufa* (Linnaeus 1758)

AUSSEHEN 8–13 mm. Wie bei der Gehörnten Mauerbiene sind die Weibchen durch zwei nach vorn gerichtete „Hörner" im Gesicht gekennzeichnet. Die Behaarung der Weibchen ist recht bunt: Kopf schwarz, Thorax graubraun, Hinterleib auf den ersten drei Segmenten rostrot, danach schwarz. Kopf und Thorax schimmern leicht metallisch bläulich, die Bauchbürste ist rötlich. Die kleineren Männchen sind ähnlich gefärbt, mit hellen Haaren im Gesicht.

NISTWEISE Sehr ähnlich der Nistweise der Gehörnten Mauerbiene. Allerdings ist die Rostrote Mauerbiene im Hinblick auf die Wahl des Nistplatzes noch flexibler. Sie nimmt fast alle Arten von Hohlräumen an, beispielsweise Löcher, Ritzen, Spalten und Fugen an Häusern, Schilfhalme in Reetdächern, Löcher von Strangfalzziegeln, Käferfraßgänge im Holz oder Türschlösser. Stehen Fenster regelmäßig offen, wählen die Weibchen sogar kuriose Nistplätze in Häusern, etwa Löcher in Bücherregalen, Musikinstrumente oder Streichholzschachteln. Die Rostrote Mauerbiene besiedelt sehr schnell Nisthilfen. Auch für sie sind Bambusröhren oder Holzbohrlöcher (Durchmesser: 5–7 mm) ideal. In Linienbauten werden bis zu 20 Brutzellen angelegt, durch Lehmwände voneinander getrennt. In Haufenbauten werden die Wände der Nistzellen komplett aus Lehm geformt.

Weibchen beim Blütenbesuch an Löwenzahn (*Taraxacum officinale*). Bei reichlichem Angebot kann sich diese Art zeitweilig auf eine einzelne Pflanze einstellen.

Das Baumaterial gewinnen die Weibchen an feuchten Bodenstellen, die sie oft in größerer Zahl aufsuchen, wobei regelrechte „Abbaugruben" im Kleinformat entstehen können. Auch bei dieser Art überwintern die Bienen erwachsen in ihren Kokons im Nest, bevor sie im Frühjahr schlüpfen.

BLÜTENBESUCH Polylektisch. Es ist keine Bevorzugung bestimmter Pflanzen erkennbar. Allerdings sammeln die Weibchen oft über längere Zeit den Pollen einer bestimmten Pflanzenart, wenn sie in der Umgebung des Nistplatzes reichlich blüht. Der Larvenproviant ist ziemlich trocken, da der Anteil an Nektar gering ist.

LEBENSRAUM UND FLUGZEIT In ganz Mitteleuropa verbreitet und häufig. Nahezu alle Arten strukturreicher Landschaften werden genutzt: Hecken, Streuobstwiesen, Waldränder, Lichtungen, Gärten und Parkanlagen. Die Flugzeit reicht von Anfang April bis Mitte Juni.

KUCKUCKSBIENEN Keine. Ein häufiger Brutparasit ist aber beispielsweise die Taufliege *Cacoxenus indagator*, erkennbar an ihren roten Augen. Sie hält sich in der Nähe der Bienennester auf und legt regelmäßig Eier darin ab. Ihre Larven ernähren sich dann vom Pollenvorrat, sodass die Larven der Mauerbienen meist verhungern, sofern sie nicht sogar selbst gefressen werden.

Dieses Weibchen reinigt einen alten Nistgang in einer abgestorbenen Brombeerranke.

Stahlblaue Mauerbiene

Osmia caerulescens (Linnaeus 1758)

AUSSEHEN 8–10 mm. Die Weibchen schillern an Kopf und Körper blau, was je nach Lichteinfall mehr oder weniger stark zum Ausdruck kommt. Die Bauchbürste ist schwarz. Männchen schimmern auffallend golden, haben grüne Komplexaugen und sind auf dem Thorax kräftiger rotbraun behaart.

NISTWEISE Auch die Stahlblaue Mauerbiene nimmt gern Nisthilfen an (bevorzugter Durchmesser bei Holzbohrlöchern: 4–5 mm). Bambusröhren, Schilfhalme (auch in Reetdächern), Käferfraßgänge in Totholz, verlassene Nester anderer Wildbienen und Lehmwespen, Hohlräume in Mauern oder Pflanzenstängeln zählen außerdem zum Spektrum der Nistplätze. Die Weibchen legen Linienbauten mit bis zu sieben Brutzellen an und verschließen das Nest mit Pflanzenmörtel, also zerkautem Pflanzenmaterial.

BLÜTENBESUCH Polylektisch. Lippen- und Schmetterlingsblütler werden bevorzugt. Die Stahlblaue Mauerbiene ist häufig an Salbei oder verschiedenen Klee- und Wickenarten zu beobachten.

LEBENSRAUM UND FLUGZEIT Verbreitet und häufig an Waldrändern, Hecken, auf Brachen und Streuobstwiesen und besonders in Gärten. Die Art fliegt im Mai und Juni und bildet teilweise im Juli und August noch eine zweite Generation aus.

KUCKUCKSBIENE Die Düsterbiene *Stelis ornatula*.

Ein Weibchen der stark gefährdeten Art an Salbei in einem brandenburgischen Garten.

Östliche Felsenmauerbiene

Osmia mustelina Gerstaecker 1841

AUSSEHEN 10–14 mm. Während die Männchen kaum von anderen Mauerbienen zu unterscheiden sind, fallen die recht großen Weibchen durch ihre kräftige graubraune Behaarung auf. Nur die Oberseite des Kopfes und das Hinterleibsende sind schwarz behaart. Die Bauchbürste ist hellrot. Keine Hörner im Gesicht (Unterschied zur Rostroten Mauerbiene).

NISTWEISE Als Nistplätze dienen Vertiefungen und Spalten in Felsen und Mauern. Die Nistzellen werden aus zerkautem Pflanzenmaterial geformt. In Einzelfällen können mehrere Weibchen an einem Nest bauen, wobei jedoch jedes seine eigenen Brutzellen errichtet und versorgt.

BLÜTENBESUCH Polylektisch. Unter anderem werden Natternkopf, Sonnenröschen, Schmetterlings- und Lippenblütler besucht.

LEBENSRAUM UND FLUGZEIT Die Östliche Felsenmauerbiene ist deutschlandweit sehr selten und nur zerstreut im Bereich felsiger Hänge (auch Steinbrüche) zu finden, besiedelt in Berlin und Brandenburg aber bevorzugt Brachen und kann von Mitte Mai bis Anfang Juli auch in Gärten beobachtet werden. Die Nachverdichtung mit dem rasanten Verlust vieler innerstädtischer Brachflächen gefährdet diese und eine Reihe weiterer Wildbienenarten.

KUCKUCKSBIENE Die Düsterbiene *Stelis franconica*.

Dieses Weibchen beklebt das als Nistplatz gewählte Schneckenhaus mit Pflanzenmörtel.

Goldene Schneckenhaus-Mauerbiene

Osmia aurulenta (Panzer 1799)

AUSSEHEN 8–10 mm. Eine sehr auffällig gefärbte Art: Der Thorax des Weibchens ist rostrot behaart, die Hinterleibssegmente tragen jeweils am Ende eine schmale Binde aus längeren, gelblich roten Haaren. Der Kopf wirkt recht massig (Unterschied zur schlankeren, aber sonst ähnlichen Rothaarigen Schneckenhaus-Mauerbiene, *Osmia rufohirta*). Die Bauchbürste ist rot gefärbt. Das Männchen ist an Kopf, Thorax und auf dem ersten Hinterleibssegment graubraun behaart, zum Körperende hin schimmert die Behaarung ähnlich hellrot wie beim Weibchen. Die Augen beider Geschlechter erscheinen graublau marmoriert.

NISTWEISE Als Nistplatz werden leere Schneckenhäuser ausgewählt, in der Größe von Schnirkelschnecken bis zu Weinbergschnecken. Darin werden eine oder mehrere (bis zu zwölf) Brutzellen in Linienbauten angelegt, in Weinbergschneckenhäusern in den mündungsnahen, breiten Windungen allerdings auch nebeneinander. Zum Schutz vor Parasiten wird zur Mündung hin eine leere Kammer eingezogen. Die Zwischenwände der Nistzellen und die Abschlusswand werden aus Pflanzenmörtel (zerkautes Pflanzenmaterial) gefertigt. Während der Bauphase werden auch Teile der Gehäuseoberfläche mit Pflanzenmörtel beklebt und sehen dann in frischem Zustand grün gesprenkelt aus. Bevor eine Brutzelle mit Pollen und Nektar

Dieses Männchen ist auf einem Weinbergschneckenhaus zwischengelandet.

verproviantiert wird, bereitet das Weibchen bereits ringförmig die vordere Wand der Zelle vor. Nach dem Verschließen des Nestes wird das Schneckenhaus nicht bewegt und auch nicht abgedeckt.

BLÜTENBESUCH Polylektisch. Lippenblütler und Schmetterlingsblütler werden deutlich bevorzugt, die Weibchen suchen in Sandgebieten aber auch sehr gern die Blüten von Natternkopf, Ochsenzunge und Niederliegendem Ehrenpreis auf.

LEBENSRAUM UND FLUGZEIT Die Goldene Schneckenhaus-Mauerbiene ist insbesondere in den Kalk-Mittelgebirgsregionen verbreitet, aber auch in und um Berlin recht häufig und hier die dominierende Art, die in Schneckenhäusern nistet. Sie kann von Anfang April bis Ende Juni auf Brachen, Weiden, Böschungen, Binnendünen, an Felshängen und in Steinbrüchen, manchmal sogar in Gärten beobachtet werden. Die Männchen erscheinen etwa zwei Wochen vor den Weibchen. Erst gegen Ende Mai beginnen die Weibchen mit dem Nestbau.

KUCKUCKSBIENEN Keine. Eine Gegenspielerin ist allerdings die Schneckenhaus-Goldwespe (*Chrysura trimaculata*), die ihre Eier an die Rückseite der vorbereiteten Abschlusswand einer Nistzelle legt, während sich die Biene auf einem Sammelflug befindet.

Ein Weibchen bei der Pollenernte an Apfelblüten.

Zweifarbige Schneckenhaus-Mauerbiene

Osmia bicolor (Schrank 1781)

AUSSEHEN Etwa 10 mm lang. Das Weibchen ist an Kopf und Thorax schwarz, am Hinterleib leuchtend rot behaart. In dieser Zweifarbigkeit (Name!) ähnelt es der Gehörnten Mauerbiene, deren Haare allerdings deutlich länger sind. Die überwiegend graubraun, auf dem Hinterleib teilweise orange behaarten Männchen sind hingegen im Gelände schwer zu bestimmen.

NISTWEISE Auch diese Art nistet in leeren Schneckenhäusern. Sie bevorzugt aber die mittelgroßen Häuser der Schnirkelschnecken gegenüber Weinbergschnecken. Sie legt meist eine, selten zwei Brutzellen im Innern an. Das Äußere des Schneckenhauses wird mit Pflanzenmörtel beklebt und erscheint dann grün gefleckt. Um den Pflanzenmörtel zu gewinnen, beißen die Weibchen Blattstückchen von krautigen Pflanzen ab und vermischen sie mit Speichel. Mit diesem Material wird eine Abschlusswand vor der Brutzelle eingezogen. Anschließend trägt das Weibchen kleine Steine und Erdbröckchen herbei, mit denen es den gewundenen Gang weitgehend auffüllt. Am Ende wird noch eine grüne Außenwand aus Pflanzenmörtel gefertigt (kleines Foto rechts oben). Dann dreht die Biene das Schneckenhaus unter großer Kraftanstrengung so, dass die Mündung möglichst glatt auf dem Boden aufliegt. Ist der Boden uneben, gräbt

Auf einem Rasen deckt das Weibchen sein Schneckenhausnest mit Pflanzenhalmen ab.

das Weibchen noch entsprechend Erdmaterial ab oder beißt störende Pflanzen ab. Zum Schluss folgt ein spektakuläres Verhalten: Die Zweifarbige Schneckenhaus-Mauerbiene sucht in der Nähe Kiefernnadeln oder bis zu 15 cm lange, trockene Pflanzenhalme, trägt sie wie ein Hubschrauber im Flug zum Nest und legt sie sorgfältig über ihrem Schneckenhaus ab. So ist dieses nach einiger Zeit unter einem faustgroßen Haufen von dürren Halmen verborgen. Jeder einzelne der beschriebenen Arbeitsgänge kann bis zu einigen Stunden in Anspruch nehmen.

BLÜTENBESUCH Polylektisch. Es ist keine klare Bevorzugung bestimmter Pflanzenarten erkennbar – an Löwenzahn wird ebenso Pollen gesammelt wie an blühenden Obstbäumen.

LEBENSRAUM UND FLUGZEIT In der Südhälfte Deutschlands stellenweise häufig, im Norden in vielen Regionen selten oder sogar fehlend. Man kann die Art in verschiedenen strukturreichen Lebensräumen antreffen. Dazu zählen Kalkmagerrasen, Böschungen, Felshänge, Waldränder, Hecken, Parkanlagen und Gärten. Die Flugzeit beginnt nach der Überwinterung der erwachsenen Bienen bereits Mitte März und reicht bis Juni. Ab Mitte/Ende April beginnen die Weibchen mit dem Nestbau.

KUCKUCKSBIENEN Keine.

Weibchen beim Blütenbesuch an Gewöhnlichem Natternkopf.

Glänzende Natternkopf-Mauerbiene

Hoplitis adunca (Panzer 1798)
Synonym: *Osmia adunca* (Panzer 1798)

AUSSEHEN 11–13 mm. Die weitgehend schwarzen Weibchen haben glänzende Hinterleibssegmente mit schmalen weißen Endbinden und eine weiße Bauchbürste. Frisch geschlüpfte Männchen fallen durch ihre leuchtend orangebraune Behaarung und grüne Augen auf.

NISTWEISE Als Nistplätze für die Linienbauten mit bis zu sieben Brutzellen dienen Löcher: verlassene Nester anderer Wildbienen und Lehmwespen, Käferfraßgänge in Totholz, Löcher in Mauerfugen, Lehm- oder Felswänden. Die Weibchen nehmen sehr gern Nisthilfen mit Holzbohrlöchern (Durchmesser: 5–7 mm), Bambusröhren und Schilfhalmen an. Als Baumaterial dient ein sandig-lehmiger, nach dem Trocknen sehr harter Mörtel. In die Abschlusswand werden Steinchen und Holzstückchen eingebaut.

BLÜTENBESUCH Oligolektisch, auf Gewöhnlichen Natternkopf (*Echium vulgare*) spezialisiert.

LEBENSRAUM UND FLUGZEIT Weit verbreitet und in der Nähe ausreichender Natternkopfbestände und geeigneter Nistplätze häufig. Von Juni bis August fliegt die Art auf Brachen, an Felshängen und in alten Steinbrüchen oder Kiesgruben, an Böschungen, Bahnanlagen und Wegrändern, in der Nähe alter Gebäude (zum Beispiel Scheunen), auch in Ortschaften.

KUCKUCKSBIENEN Möglicherweise die Zweizahnbienen *Dioxys tridentata* und *Dioxys cincta*.

Weibchen (rechts) und Männchen am Mörtelnest.

Matte Natternkopf-Mauerbiene

Hoplitis anthocopoides (Schenck 1853)
Synonym: *Osmia anthocopoides* Schenck 1853

AUSSEHEN Mit 9–10 mm etwas kleiner als die Glänzende Natternkopf-Mauerbiene. Die Hinterleibssegmente der Weibchen sind matter. Beide Arten sind äußerlich schwer zu unterscheiden.

NISTWEISE Die Nester sind gemörtelte Freibauten in Vertiefungen von Steinen, zum Beispiel an großen Findlingen oder Felswänden. Die Weibchen fertigen den Mörtel, indem sie Sand und kleine Steine vom Boden aufnehmen und mit einem Sekret zu einem Baumaterial vermischen, das nach dem Trocknen extrem hart wird. Pro Nest formen sie fünf bis zehn, im Extremfall sogar über 30 Nistzellen, die am Ende insgesamt zusätzlich mit einer glatten Mörtelschicht überzogen werden. Alte Nistzellen werden wiedergenutzt.

BLÜTENBESUCH Ebenfalls auf Gewöhnlichen Natternkopf (*Echium vulgare*) spezialisiert. Die Männchen bilden wie bei der verwandten Art Territorien an den Pflanzen, die sie von Steinen aus, die als Rastplätze dienen, „überwachen".

LEBENSRAUM UND FLUGZEIT Die Art ist selten und kommt nur zerstreut an felsigen Hängen und in ehemaligen Steinbrüchen, an Böschungen oder Steinaufschüttungen, auch auf innerstädtischen Brachen (Berlin) vor. Sie fliegt im Juni und Juli.

KUCKUCKSBIENEN Möglicherweise die Zweizahnbienen *Dioxys tridentata* und *Dioxys cincta*.

Ein Weibchen schneidet mit seinen Mandibeln (Kiefern) ein Stück aus einem Klatschmohnblütenblatt.

Mohnbiene, Mohn-Mauerbiene

Hoplitis papaveris (Latreille 1799)
Synonym: *Osmia papaveris* (Latreille 1799)

AUSSEHEN 9–12 mm. Das Weibchen ist auf dem Thorax rotbraun behaart. Der Hinterleib trägt schmale, aber sehr deutliche helle Querbinden. Die Bauchbürste ist weiß. Die Männchen sind anhand von zwei spitzen „Zähnen" am Ende des Hinterleibs eindeutig zu bestimmen. Ihre bräunliche Behaarung ist nach einiger Zeit völlig abgerieben, sodass die Männchen vollständig schwarz erscheinen. Die Augen beider Geschlechter sind graublau marmoriert.

NISTWEISE Die Weibchen graben ihre Nester in den Sandboden, meist am Ackerrand, auf Feldwegen oder Böschungen. Der Nistgang führt nur wenige Zentimeter in die Tiefe und endet tütenförmig in einer einzigen Brutzelle. Das Nest wird komplett mit Blütenblättern ausgekleidet, sehr oft von Klatsch-Mohn (*Papaver rhoeas*) und weiteren Mohnarten, aber auch verschiedenen anderen Pflanzen. In Brandenburg ließ sich Mitte Juni 2020 beispielsweise einmal beobachten, wie ein ganzer Bestand blauer Blüten des Österreichischen Leins (*Linum austriacum*) von den Mohnbienen morgens völlig entlaubt wurde, bevor die Bienen vorwiegend Mohn anflogen. Auch die Blüten von Fingerkraut, Sonnenröschen, Kornblume, Malven, Storchschnabel und Johanniskraut können Verwendung finden. Die Mohnbienen hängen sich an den Außenrand des Blütenblatts und

Ein startbereites Weibchen im Eingang des mit Mohnblütenblättern ausgekleideten Nestes.

schneiden mit ihren kräftigen Mandibeln (Kiefern) innerhalb weniger Sekunden ein ovales Stück heraus. Mit den Beinen wird das Blütenblatt in dieser Zeit gerafft. Das zusammengeknüllte Blattstück wird anschließend zwischen den Mandibeln gehalten und zum Nest geflogen. Wenn das ganze Nest ausgekleidet ist, ragen die Blütenblätter manschettenartig aus dem Eingang heraus. Nach der Versorgung der Brutzelle wird der Nesteingang jedoch sorgfältig verschlossen und mit Sand überdeckt. Die Männchen vollführen rasante Patrouillenflüge an den Nistplätzen.

BLÜTENBESUCH Polylektisch. Die Weibchen sammeln sehr gern an Kornblumen (*Centaurea cyanus*), wo auch die Männchen Nektar trinken. Weitere Korbblütler, aber beispielsweise auch Klatsch-Mohn, Acker-Winde und Sonnenröschen dienen als Pollenquellen.

LEBENSRAUM UND FLUGZEIT Weit verbreitet, aber nach starkem Rückgang sehr selten an weit voneinander entfernten Fundorten im Juni und Juli zu beobachten. Zu den Lebensräumen zählen Flugsandfelder und Sandgruben, Ruderalflächen, extensiv genutzte Sandäcker und breite, blütenreiche Randstreifen entlang von Feldwegen.

KUCKUCKSBIENEN Möglicherweise die Kegelbienen *Coelioxys mandibularis* und *Coelioxys inermis.*

Weibchen mit gelbem Hahnenfußpollen an einer Nisthilfe.

Hahnenfuß-Scherenbiene

Chelostoma florisomne (Linnaeus 1758)
Synonym: *Osmia florisomnis* (Linnaeus 1758)

AUSSEHEN 8–10 mm. Die langen, vorspringenden, „scherenartigen" Mandibeln (Kiefer) der Weibchen, die bei dieser Art besonders ausgeprägt sind, verhalfen der Gattung zu ihrem deutschen Namen. Der Körper wirkt lang und schlank, der Hinterleib trägt schmale weiße Querbinden, die Bauchbürste ist weißgrau gefärbt. Die Männchen sind hellbraun behaart und haben gesägte Fühler.

NISTWEISE Die Hahnenfuß-Scherenbiene nistet in röhrenförmigen Hohlräumen mit einem Durchmesser von 3-5 mm. Bis zu acht Brutzellen werden im Schilf von Reetdächern, in Käferfraßgängen oder in Nisthilfen (Holzbohrlöcher, Schilfhalme, Bambusröhrchen, runde Löcher in Tonziegeln) angelegt. Den Nestverschluss formen die Weibchen aus Sand oder Lehm, der mit Nektar und einem Sekret so vermischt wird, dass er beim Trocknen sehr hart wird. Von außen werden in den noch weichen Mörtel Steinchen eingebaut.

BLÜTENBESUCH Oligolektisch, sammelt Pollen ausschließlich an Hahnenfußarten.

LEBENSRAUM UND FLUGZEIT Verbreitet und häufig an Waldrändern und in strukturreichen Lebensräumen mit Totholz oder alten Gebäuden, oft auch in Ortschaften. Aktiv im Mai und Juni.

KUCKUCKSBIENEN Keine; ein häufiger Brutparasit ist jedoch die schwarz-gelb gezeichnete Gemeine Keulenwespe (*Monosapyga clavicornis*).

Dieses Weibchen verschließt sein Nest im Bambusrohr einer Nisthilfe mit Harz.

Gewöhnliche Löcherbiene

Heriades truncorum (Linnaeus 1758)
Synonym: *Osmia truncorum* (Linnaeus 1758)

AUSSEHEN 6–7 mm. Der am Ende beim Weibchen leicht, beim Männchen deutlich eingekrümmte Hinterleib trägt schmale weiße Haarfransen an den Segmenträndern. Die Bauchbürste ist rötlich gelb gefärbt.

NISTWEISE Auch die Gewöhnliche Löcherbiene nistet in röhrenförmigen Hohlräumen (Durchmesser: 3–3,5 mm). Bis zu zehn Brutzellen legen die Weibchen in hohlen Pflanzenstängeln oder in Käferfraßgängen an. Die Art ist sehr häufig an Nisthilfen zu beobachten, wo sie den ganzen Sommer über Holzbohrlöcher, Schilfhalme oder Bambusröhrchen nutzt.

Die Trennwände der Brutzellen und der Nestverschluss werden aus Baumharz hergestellt. Außen werden Fremdkörper wie Steinchen eingearbeitet.

BLÜTENBESUCH Oligolektisch, sammelt Pollen an vielen verschiedenen Korbblütlern wie Ferkelkraut, Greiskräutern oder Rainfarn.

LEBENSRAUM UND FLUGZEIT Verbreitet und sehr häufig auf Streuobstwiesen, an Waldrändern und auf Lichtungen, an Hecken und auf Brachen sowie in Gärten, auch mitten in der Stadt. Die Flugzeit reicht von Juni bis September.

KUCKUCKSBIENE Die Düsterbiene *Stelis breviuscula*, die der Löcherbiene im Erscheinungsbild sehr ähnlich ist. Außerdem ist die Keulenwespe *Sapygina decemguttata* ein häufiger Brutparasit.

Paarung auf Lavendelblüten im Garten.

Garten-Wollbiene

Anthidium manicatum (Linnaeus 1758)

AUSSEHEN Die Weibchen sind 10–13 mm lang, von rundlicher Gestalt, haben dunkle Augen, überwiegend gelbe Beine und einen wespenartig gelb-schwarz gestreiften Hinterleib. Die Männchen sind mit 14–18 mm deutlich größer. Die gelben Flecken auf dem Hinterleib können streifenartig breit, in einzelne kleinere Flecken unterteilt oder auch stark reduziert sein. Seitlich tragen die Männchen am Hinterleib kräftige, oberseits orange gefärbte Haarbüschel. Am Ende des Hinterleibs sind fünf schwarze Dornen erkennbar: zwei einzelne seitlich und ein „Dreizack" am letzten Segment.

NISTWEISE Die Garten-Wollbiene wählt verschiedenartige Hohlräume als Nistplätze, beispielsweise zwischen Mauersteinen, in der Erde oder in Holzspalten. Verlassene Nester anderer Bienen können ebenso angenommen werden wie Eisenrohre. In den Hohlräumen werden die meist haufenartig angeordneten Nistzellen (maximal 16 pro Nest) aus weichen Pflanzenhaaren geformt. Die Pflanzenwolle schaben die Weibchen mit ihren Mandibeln (Kiefern) von stark behaarten Pflanzen wie Woll-Ziest oder Sand-Strohblume ab. Die Nistzellen werden mit bestimmten Pflanzensekreten von außen imprägniert, wohl zum Schutz vor Pilzen, Bakterien oder Brutparasiten. Vor dem Nest werden Erdbröckchen, Pflanzenreste und andere Kleinteile aufgeschichtet.

BLÜTENBESUCH Eingeschränkt

Männchen mit den charakteristischen fünf Dornen am Hinterleib.

oligolektisch. Drei Pflanzenfamilien dienen als Pollenquellen: Lippenblütler, Schmetterlingsblütler und Wegerichgewächse (hiervon Löwenmäuler und Fingerhüte). Die Männchen zeigen ein spektakuläres Territorialverhalten: Sie besetzen Pflanzen als Revier, aus dem sie möglichst alle anderen Blütenbesucher außer den eigenen Weibchen vertreiben. Sie krümmen dazu den Hinterleib mit den Dornen nach vorn und rammen die „Gegner", sehr oft Honigbienen oder auch große Hummeln, von der Seite, sodass sogar deren Flügel verletzt werden können. Die Männchen überwachen ihr Revier, indem sie rasant ihre Positionen zwischen den Blüten wechseln und dann immer wieder im Schwebeflug innehalten. Weibchen werden ebenfalls schwirrend anvisiert und auf den Blüten von oben angeflogen. Daraufhin erfolgt meistens eine etwa zehn Sekunden währende Paarung. Männchen und Weibchen paaren sich mehrfach. Zwischen Männchen können heftige Kämpfe entbrennen.

LEBENSRAUM UND FLUGZEIT Die Flugzeit erstreckt sich von Mai bis September, in warmen Jahren in zwei Generationen. Sehr häufig und weit verbreitet in Gärten in Städten und Dörfern, aber auch an Waldrändern, auf Brachen oder an Trockenhängen.

KUCKUCKSBIENE Die Düsterbiene *Stelis punctulatissima*.

Ein Weibchen formt im Garten des Saarbrücker Schlosses eine Kugel aus den Haaren des Woll-Ziests (*Stachys byzantina*).

Spalten-Wollbiene
Anthidium oblongatum (Illiger 1806)

AUSSEHEN 8–13 mm. Die Spalten-Wollbiene ist durch rötliche Beine und insbesondere durch die grünen Augen der Weibchen leicht von der Garten-Wollbiene zu unterscheiden. Die Männchen haben am Hinterleib seitlich am sechsten Segment ebenfalls Dornen, aber keinen „Dreizack" am Ende.

NISTWEISE Auch diese Wollbiene nutzt unterschiedliche Hohlräume zum Nisten. Mauerspalten sind besonders begehrt, aber auch Erdlöcher, Steinhaufen und vielleicht hohle Pflanzenhalme können Raum für die maximal acht Brutzellen eines Nestes bieten. Die Haare von Ziest, Königskerzen oder Sand-Strohblume werden abgeschabt und in Form flauschiger Kugeln als Baumaterial zum Nistplatz getragen.

BLÜTENBESUCH Polylektisch. Fetthennengewächse, Schmetterlingsblütler und Reseden sind die bevorzugten Pollenquellen, an denen die Männchen Reviere einrichten und auch gegen andere Insekten verteidigen.

LEBENSRAUM UND FLUGZEIT Verbreitet im südlichen Deutschland, im Norden vereinzelt, häufig (offenbar zunehmend) in und um Berlin. Die wärmeliebende Art findet man von Juni bis August auf Brachen, in Weinbergen, auf Dünen, Böschungen und Dämmen, auch in Gärten und Parkanlagen.

KUCKUCKSBIENE Die Düsterbiene *Stelis punctulatissima*.

Paarung auf den Blüten einer Wilden Resede (*Reseda lutea*) auf einer Brachfläche westlich von Berlin.

Weißgefleckte Wollbiene

Anthidium punctatum Latreille 1809

AUSSEHEN 8–9 mm. Der Körper der Weißgefleckten Wollbiene ist insgesamt überwiegend schwarz. Der Thorax ist braun (verblasst grau) behaart. Auf dem Hinterleib befinden sich weiße bis hellgelbe Flecken, die meist in vier Längsreihen angeordnet sind. Die Bauchbürste der Weibchen ist weiß. Die Augen sind vor allem bei den Männchen grün.

NISTWEISE Das Nest wird in Hohlräumen beispielsweise in der Erde oder zwischen Steinen angelegt und enthält nur ein bis vier Brutzellen. Auch die Weibchen der Weißgefleckten Wollbiene nutzen Pflanzenhaare als Baumaterial, unter anderem von Königskerzen, Eselsdisteln und Sand-Strohblumen.

BLÜTENBESUCH Polylektisch. Die Art besucht Fetthennengewächse, Schmetterlingsblütler und Reseden. Auf einer Brache im Berliner Umland wurden im Juni 2020 einige Reseden von territorialen Männchen der Spalten-Wollbiene, andere von Männchen der Weißgefleckten Wollbiene als Reviere mit Erfolg (Paarungen!) verteidigt.

LEBENSRAUM UND FLUGZEIT Das Verbreitungsmuster und die Lebensraumansprüche sind denen der Spalten-Wollbiene recht ähnlich: An trockenwarmen, strukturreichen Standorten vor allem im Süden und Osten (hier zunehmend). Flugzeit im Juni und Juli.

KUCKUCKSBIENEN Unbekannt.

Ein Weibchen auf einem Blütenstand der Rispen-Flockenblume (*Centaurea stoebe*).

Zwerg-Wollbiene, Distel-Wollbiene, Stängel-Wollbiene

Pseudoanthidium nanum (Mocsáry 1881)
Synonym: *Anthidium nanum* Mocsáry 1881

AUSSEHEN 7–8 mm. Diese kleine Wollbiene trägt zwei Längsreihen gelber, manchmal fast weißer Flecken auf dem schwarzen Hinterleib. Die Schenkel der Beine sind schwarz, die Schienen rötlich gelb. Am Hinterkopf sind zwei halbmondförmige, gelbe Flecken sichtbar. Die Bauchbürste der Weibchen ist weiß gefärbt.

NISTWEISE Die Nester werden linienförmig in abgebrochenen Stängeln oder Ranken verschiedener Pflanzen angelegt: Brombeeren, Holunder, Königskerzen, Disteln. Auch Schilfhalme werden besiedelt und sogar verlassene Eichen- und Schilfgallen. Die Weibchen können das Mark aus Ranken entfernen. Bis zu neun Brutzellen werden linienartig hintereinander aus Pflanzenhaaren geformt.

BLÜTENBESUCH Oligolektisch, auf Korbblütler spezialisiert. Als Pollenquellen dienen Disteln und Flockenblumen.

LEBENSRAUM UND FLUGZEIT Im Juli und August ist die wärmeliebende Art an trockenwarmen Orten zu finden, vor allem auf Brachen und an Wegrändern. Sie gilt als selten mit südlichem Verbreitungsschwerpunkt, scheint aktuell aber zumindest in Berlin und Brandenburg von den zunehmend wärmeren Jahren zu profitieren.

KUCKUCKSBIENEN Die Düsterbienen *Stelis ornatula* und *Stelis punctulatissima*.

Dieses Männchen putzt seine Flügel auf einer Almwiese in den Alpen.

Große Harzbiene

Trachusa byssina (Panzer 1798)
Synonym: *Anthidium byssinum* (Panzer 1798)

AUSSEHEN Die Große Harzbiene ist 11–12 mm lang und auf dem Thorax oberseits rotbraun behaart. Die Hinterleibssegmente tragen Endbinden, die an den Seiten weiß, oben rotbraun gefärbt sind. Männchen und Weibchen sind einander ähnlich, aber nur beim Männchen sind Gesicht und Mandibeln (Kiefer) gelb, die Augen auffallend grün.

NISTWEISE Die Nester werden in möglichst nach Süden geneigten, vegetationsfreien, verdichteten Boden gegraben, oft in Kolonien. Jeweils zwei bis drei Nistzellen werden am Ende eines 10 cm langen Hauptganges und später angelegter Seitengänge angefertigt. Das Weibchen tapeziert sie mit etwa 2–3 mm breiten und 2–3 cm langen Blattstreifen, die es von Laubbäumen und Büschen abschneidet. Von innen kleidet es sie dann zusätzlich mit Nadelbaumharz aus und verschließt sie nach Verproviantierung und Eiablage mit einem Harzpfropf.

BLÜTENBESUCH Oligolektisch, auf Schmetterlingsblütler spezialisiert. Hauptpollenquelle ist Hornklee (*Lotus corniculatus*).

LEBENSRAUM UND FLUGZEIT Zu den Lebensräumen zählen Waldwege, Waldränder und Lichtungen, bevorzugt in Mittelgebirgen, außerdem Sandheiden, Kiesgruben und Brachen, manchmal sogar Gärten. Die Flugzeit reicht von Juni bis August.

KUCKUCKSBIENE Die Kegelbiene *Coelioxys conica*.

Ein Weibchen am Mörtelnest im Saarland.

Schwarze Mörtelbiene

Megachile parietina (Geoffroy 1785)

AUSSEHEN Groß, 14–18 mm lang. Die Weibchen sind mit ihrer vollständig tiefschwarzen Behaarung und den dunklen Flügeln sehr eindrucksvolle Erscheinungen. Eine Verwechslung ist bei oberflächlicher Betrachtung allenfalls mit Holzbienen möglich. Die Männchen weisen eine rostrote Behaarung auf. Nur die vier letzten Hinterleibssegmente tragen schwarze Haare.

NISTWEISE Die Weibchen bauen imposante Mörtelnester an Felsen oder Mauern, manchmal sogar an Hauswänden, an günstigen Stellen in Kolonien. Jedes Nest umfasst bis zu 16 Brutzellen, die tönnchenförmig aus Mörtel und Steinchen gemauert werden. Der Mörtel wird aus sandigem oder lehmigem Substrat, das die Weibchen vom Boden aufnehmen, mithilfe von Nektar und einem feuchten Sekret hergestellt. Die Brutzelle bleibt zunächst oben offen und wird nun nach jedem Sammelflug mit Nektar und Pollen befüllt: Die Mörtelbiene erbricht zunächst kopfüber den Nektar aus dem Kropf, dreht sich dann um und streift den Pollen von der Bauchbürste ab. Während der Eiablage hält das Weibchen schon eine Mörtelkugel zwischen den Mundwerkzeugen, dreht sich danach sofort um und formt daraus eine Verschlusswand. Nach Fertigstellung aller nebeneinanderliegenden Brutzellen wird der ganze Komplex mit einer weiteren Mörtelschicht glatt überzogen. Das Ergebnis ist schließlich ein etwa halbkugeliges, nahezu faustgroßes, steinhartes Gebilde.

Die Männchen sind leuchtend rostrot behaart.

Die sich aus den Larven entwickelnden Bienen überwintern ausgewachsen in den Nestern und arbeiten sich im Frühjahr durch die harte Wand nach draußen. Alte Nistzellen werden wiederverwendet.

BLÜTENBESUCH Polylektisch mit einer deutlichen Vorliebe für Schmetterlings- und Lippenblütler. Für die Schwarze Mörtelbiene sind große Bestände von Nahrungspflanzen wie Hornklee, Hufeisenklee, Futter-Esparsette und Wiesen-Salbei in der Nähe geeigneter Nistplätze sehr wichtig.

LEBENSRAUM UND FLUGZEIT Die Schwarze Mörtelbiene kam früher im südlichen und mittleren Deutschland recht verbreitet vor, gelegentlich sogar in Ortschaften, vor allem aber an felsreichen Trockenhängen oder in aufgelassenen Steinbrüchen. Heute existieren nur noch wenige Reliktstandorte in Baden-Württemberg, intensiv dokumentiert und betreut von Paul Westrich, und ein einziges Vorkommen im Saarland, das im Jahr 2011 von Rainer Ulrich entdeckt wurde. Im Mittelmeerraum ist sie noch verbreitet zu finden.

Die Entwicklung der Larven nimmt in Mitteleuropa teilweise zwei Jahre in Anspruch. Die Flugzeit reicht von Ende April bis Anfang Juni.

KUCKUCKSBIENEN Rotbeinige Düsterbiene (*Stelis nasuta*), Dunkle Zweizahnbiene (*Dioxys tridentata*) und Rote Zweizahnbiene (*Dioxys cincta*).

Gut zu unterscheiden: Männchen (links) und Weibchen trinken Nektar an Salbei im Garten.

Platterbsen-Mörtelbiene

Megachile ericetorum Lepeletier 1841

AUSSEHEN Diese mit 13–15 mm gut honigbienengroße Mörtelbiene ist durch die durchgehenden hellen, beim Weibchen zunächst bräunlichen Querbinden auf dem Hinterleib leicht zu bestimmen. Die Bauchbürste des Weibchens besteht aus gelben Haaren. Die „Vorderfüße" des Männchens sind rotgelb gefärbt und fransig weiß behaart.

NISTWEISE Die Platterbsen-Mörtelbiene nistet in nahezu allen erdenklichen vorhandenen Hohlräumen, zum Beispiel in Steilwänden in den verlassenen Nestern anderer Bienen, in den Fugen und Spalten von Mauern oder in Bohrlöchern. Daher besiedelt sie auch schnell Nisthilfen mit Bohrungen oder Bambusröhrchen. Darin formt sie hintereinanderliegende Nistzellen aus Mörtel und kleidet sie innen mit Harz aus.

BLÜTENBESUCH Oligolektisch an Schmetterlingsblütlern wie Platterbsen, Hornklee, Wicken, Hauhechel, Erbsen und Bohnen. Als Nektarquellen werden außerdem gern Lippenblütler wie Ziest und Lavendel genutzt, wo die Männchen auch nach Weibchen patrouillieren.

LEBENSRAUM UND FLUGZEIT Die weit verbreitete und recht häufige Art besiedelt Sandgruben, Brachen, Ruderalstellen und Böschungen. Sie gehört auch zu den charakteristischen Wildbienen in Gärten und fliegt von Mitte Juni bis Anfang August.

KUCKUCKSBIENE Die Kegelbiene *Coelioxys aurolimbata*.

Männchen (links) an Zottiger Wicke und Weibchen an Futterwicke – in beiden Fällen beim Nektarraub.

Zottige Blattschneiderbiene

Megachile circumcincta (Kirby 1802)

AUSSEHEN 11–13 mm. Diese Blattschneiderbiene ist auf dem Thorax und den ersten drei Hinterleibssegmenten zottig hellbraun behaart. Die letzten Segmente und der Kopf bilden dazu einen schwarzen Kontrast (englisch: Black-headed Leafcutter Bee). Die Bauchbürste der Weibchen ist weitgehend rot, nur am Körperende schwarz. Auffallend sind an den Vorderbeinen der Männchen die weißen, aber nur schwach verbreiterten und unterseits lang behaarten Tarsen („Vorderfüße").

NISTWEISE Die Weibchen graben Nistgänge in den Boden (unter Steinen, in Blumenbeete) oder wählen vorhandene Hohlräume, beispielsweise in morschem Holz. Zum Auskleiden der Nistzellen dienen Blattstücke verschiedener Pflanzen.

BLÜTENBESUCH Polylektisch. Häufig werden Schmetterlingsblütler als Pollenquellen gewählt. In charakteristischer Weise nagen Männchen und Weibchen auch Löcher in deren Kronröhren und trinken von außen Nektar („Nektarraub").

LEBENSRAUM UND FLUGZEIT Verbreitet und mäßig häufig mit einem Schwerpunkt in Sandgebieten, in denen diese Art von Mai bis Juli auch in Gärten beobachtet werden kann.

KUCKUCKSBIENEN Die Kegelbienen *Coelioxys mandibularis* und *Coelioxys conica*.

Weibchen an Dorniger Hauhechel im Botanischen Garten Berlin.

Garten-Blattschneiderbiene

Megachile willughbiella (Kirby 1802)

AUSSEHEN Mit 12–15 mm eine recht große Blattschneiderbiene. Beim Weibchen sind der Thorax und die ersten drei Hinterleibssegmente hell bräunlich, die letzten drei Hinterleibssegmente schwarz behaart. Die Segmente tragen schmale helle Endbinden. Die Bauchbürste ist hellrot, aber bereits am vierten Segment teilweise, am fünften und sechsten Segment komplett schwarz. Es gibt mehrere ähnliche Arten mit roter Bauchbürste, bei denen die schwarze Behaarung meist aber frühestens ab dem fünften Segment beginnt und daher weniger ausgedehnt ist. Noch schwieriger ist die Bestimmung, wenn die Bauchbürste mit Pollen gefüllt ist. Die Männchen der Garten-Blattschneiderbiene haben grünlich marmorierte Augen. Charakteristisch ist der sehr stark verbreiterte, weiße „Vorderfuß" (Tarsus) mit einem breiten, gelblich weißen Haarkamm. Die eigentümlichen Tarsen enthalten Drüsen, aus denen das Männchen bei der Paarung Duftstoffe auf die Fühler des Weibchens überträgt. Dazu legt es die Tarsen so auf den Kopf des Weibchens, dass dessen Fühler sich an die gekrümmte Innenfläche der Tarsen schmiegen. Die Augen des Weibchens deckt es dabei mit dem Tarsenkamm zu. Bei der Unterscheidung von ähnlichen Arten mit verbreiterten Vordertarsen hilft der leuchtend orange Außenbereich der Vorderschenkel.
NISTWEISE Die Garten-Blattschnei-

Männchen an Salbei im Garten.

derbiene nistet in unterschiedlichen Hohlräumen, die die Weibchen entweder bereits vorfinden oder selbst graben. Mögliche Substrate sind morsches Totholz (Baumstümpfe, Balken), Trockenmauern oder Wände mit Fugen und Spalten, Lösswände, verlassene Nester anderer Wildbienen, Pflanzerde in Blumentöpfen, Nisthilfen mit Bohrlöchern (bevorzugter Durchmesser: 6 mm) oder Bambusröhren. Die Weibchen schneiden Blattstücke beispielsweise von Rosen, Hainbuchen oder Eichen ab und formen damit die Wände der Nistzellen. Diese Nistzellen liegen dann als zigarrenförmige Gebilde hintereinander in den geraden oder sich verzweigenden Nistgängen. Mehrere Weibchen können denselben Nesteingang benutzen. Die Aktivitäten der Blattschneiderbienen fallen oft im Nachhinein auf, wenn zahlreiche Blätter eines Rosenstrauchs ovale Blattausschnitte aufweisen.

BLÜTENBESUCH Polylektisch. Die Weibchen sammeln an vielen verschiedenen Pflanzen, unter anderem an Glockenblumen, Schmetterlingsblütlern und Weidenröschen.

LEBENSRAUM UND FLUGZEIT Weit verbreitet und häufig, im Tiefland wie im Gebirge. Diese typische Gartenbiene kommt auch an Waldrändern oder in Weinbergen vor und kann von Juni bis August beobachtet werden.

KUCKUCKSBIENEN Die Kegelbienen *Coelioxys conica* und *C. elongata.*

Weibchen auf Rispen-Flockenblume in der Döberitzer Heide.

Sand-Blattschneiderbiene

Megachile maritima (Kirby 1802)

AUSSEHEN Sehr groß, 13–15 mm. Die Bauchbürste der Weibchen ist dreifarbig: weiß, rot und schwarz. Der Thorax und die ersten beiden Hinterleibssegmente sind oberseits hellbraun behaart, die Segmente tragen helle Endbinden. Schiene und Ferse (Basitarsus) am Hinterbein sind sehr breit. Beim Männchen ist das Gesicht gelb behaart. Die Hinterschienen sind auffallend verbreitert, ebenso die weißen Tarsen an den Vorderbeinen (die „Vorderfüße"), die ein dichter Kamm aus weißen Haaren ziert.

NISTWEISE Das Weibchen legt einen kurzen Nistgang mit ein bis zwei, selten mehr Brutzellen im Sandboden an. Die Brutzellen werden aus Blattstücken verschiedener Pflanzen geformt.

BLÜTENBESUCH Polylektisch. Unter anderem wird der Pollen von Korblütlern wie Disteln und Flockenblumen und von verschiedenen Schmetterlingsblütlern eingetragen.

LEBENSRAUM UND FLUGZEIT Von Juni bis August in Küsten- und Binnendünen, Flugsandgebieten, Kiesgruben und an Trockenhängen. Im Süden selten.

KUCKUCKSBIENE Die Sand-Kegelbiene (*Coelioxys conoidea*).

Männchen auf Lavendel in St. Peter-Ording.

ERLEBNIS: VON DER NORDSEE BIS BRANDENBURG – DER SAND-BLATTSCHNEIDERBIENE AUF DER SPUR

Im Juli 2019 schwankte in den Dünen von St. Peter-Ording an der Nordseeküste Schleswig-Holsteins ein blaues Blütenköpfchen des Berg-Sandglöckchens besonders heftig im Wind – ein Männchen der Sand-Blattschneiderbiene trank hier Nektar. Entlang der nahe gelegenen Straßen fanden sich an Lavendelblüten neben vielen Hummeln weitere Männchen und Weibchen der Sand-Blattschneiderbiene – und sogar die Kuckucksbiene dieser Art, die Sand-Kegelbiene (*Coelioxys conoidea*).

Anfang August machten sich die Weibchen auch im Binnenland bemerkbar, inmitten der Sandheiden und Binnendünen der Döberitzer Heide in Brandenburg. Sie wuselten zahlreich über die Blüten der Rispen-Flockenblumen. In der „Wüste", einer ehemaligen Panzerübungsfläche, verschwand ein Weibchen mit durchdringendem Summton in einem kleinen Sandloch. Bald kam es wieder zum Vorschein und flog zum nahen Waldrand. Bei der Rückkehr trug es unter dem Bauch ein Blattstück, mit dem es sich nun aus vollem Flug direkt in ihren Nesteingang stürzte. Dieser Vorgang wiederholte sich noch einige Male. Schließlich scharrte es im Rückwärtsgang den Nesteingang sorgfältig zu. Wenige Zentimeter tief im Sand lag die nun vollendete Brutzelle aus Birkenblättern mit dem Pollen-Nektar-Brei und einem Bienenei.

Dieses Weibchen trägt ein Blattstück in sein Nest in einem Mauerloch ein.

Weißfilzige Blattschneiderbiene, Filzzahn-Blattschneiderbiene

Megachile pilidens (Alfken 1924)

AUSSEHEN Diese Art zählt mit 9–10 mm Länge zu den kleinen Blattschneiderbienen. Kennzeichnend ist ihr hoher Summton während des Flugs. Die Bauchbürste der Weibchen ist weiß. Die Augen der Weibchen sind grau-grün marmoriert, bei den Männchen grün. Die Weibchen tragen ockergelbe Binden auf den Hinterleibssegmenten und auf dem letzten Segment zwei helle, filzige, namensgebende Flecken. Allerdings gibt es in Sandgebieten mit der Dünen-Blattschneiderbiene (*Megachile leachella*) eine äußerlich nicht unterscheidbare Art, die im Dünensand nistet.

NISTWEISE Die Weibchen wählen Nistplätze stets in Hohlräumen unter Steinen, in Mauern oder in Erdlöchern.

BLÜTENBESUCH Polylektisch, mit einer deutlichen Vorliebe für Schmetterlingsblütler wie Hornklee oder Hauhechel.

LEBENSRAUM UND FLUGZEIT Die wärmeliebende Art war ursprünglich nur im südlichen Deutschland verbreitet, profitiert aber von der zunehmenden Erwärmung und breitet sich seit den 1990er-Jahren massiv nach Norden aus. Sie ist beispielsweise in Berlin und Brandenburg mittlerweile häufig. Man findet sie von Juni bis August in trockenwarmen, offenen, strukturreichen Lebensräumen, auch in Städten.

KUCKUCKSBIENE Die Kegelbiene *Coelioxys afra*.

Weibchen erntet Pollen im Garten an Quirlblättrigem Mädchenauge.

Luzerne-Blattschneiderbiene

Megachile rotundata (Fabricius 1787)

AUSSEHEN Eine kleine Blattschneiderbiene, 8–9 mm lang. Die Weibchen wirken insgesamt sehr dunkel, die kurze Behaarung auf dem Hinterleib ist schwarz, nur auf dem ersten Segment sind längere weiße Haare erkennbar. Die Segmente tragen schmale, aber deutliche weiße Endbinden. Die Augen sind bei den Weibchen dunkel, bei den Männchen grün.

NISTWEISE Die Weibchen nisten in oberirdischen Hohlräumen, beispielsweise in Lehmwänden, Käferfraßgängen in Totholz oder hohlen Pflanzenhalmen. Sie nehmen auch Nisthilfen mit Holzbohrlöchern (Durchmesser: 6 mm) oder Bambusröhrchen an. Zum Bau der Nistzellen werden Blüten- und Laubblätter verwendet.

BLÜTENBESUCH Polylektisch. Die Art ist häufig an Korbblütlern und Schmetterlingsblütlern zu beobachten.

LEBENSRAUM UND FLUGZEIT Auch diese Art hat in Deutschland einen eher südlichen Verbreitungsschwerpunkt, kommt aber beispielsweise ebenso in und um Berlin häufig vor. Lebensräume sind Waldränder, Kiesgruben, Böschungen und Dämme, oft aber auch Gärten, Parks und Brachflächen. In die USA und viele andere Länder ist die „Alfalfa-Biene" zur Bestäubung im Luzerneanbau importiert worden. Die Flugzeit reicht von Juni bis August.

KUCKUCKSBIENE Die Kegelbiene *Coelioxys echinata*.

Dieses Weibchen entfernt Holzstückchen aus dem Nesteingang in einem morschen Holzgeländer, das außen schwarz lackiert ist.

Schwarzbürstige Blattschneiderbiene

Megachile nigriventris Schenck 1868

AUSSEHEN Mit 12–16 mm eine recht große Blattschneiderbiene. Das Weibchen ist auf dem Thorax kräftig rotbraun, auf den ersten beiden Hinterleibssegmenten hellbraun behaart. Namensgebend ist die schwarze Bauchbürste. Am Hinterleib finden sich keine hellen Querbinden. Die „Vorderfüße" der Männchen sind ähnlich wie bei einigen anderen Blattschneiderbienen verbreitert, weiß gefärbt und tragen einen hellen Haarkamm. Anhand der rotbraunen Thoraxbehaarung kann man aber auch die Männchen leicht bestimmen, sofern sie noch nicht zu abgeflogen und verblasst sind.

NISTWEISE Die Weibchen nagen Nistgänge in morsches Holz von Baumstämmen und Ästen, aber auch von Balken, Geländern und Pfosten. Sowohl das Holz von Laubbäumen als auch Nadelbaumholz wird besiedelt. Mehrere Weibchen können denselben Nesteingang benutzen. Die hintereinanderliegenden Brutzellen werden aus Blattstücken verschiedener Pflanzen, oft von Laubbäumen wie Rotbuche, Hainbuche, Ahorn oder Birken, geformt. Innen werden die Blätter miteinander verklebt. Bis zu 15 Brutzellen liegen schließlich in einem Nest. In Gärten kann die Schwarzbürstige Blattschneiderbiene sogar Gartenmöbel oder Carports als Nistplätze wählen. Auch lackiertes, äußerlich unversehrt scheinendes Holz kann

Zum Nesteingang heimkehrende Weibchen mit hellem Pollen in der Bauchbürste (links) und abgeschnittenen Blattstücken.

durch das Eindringen von Wasser durch Risse innen morsch sein. Ein solcher Nistplatz konnte einmal in einem Holzgeländer einer Freizeitanlage am Südrand des Hunsrücks im Saarland beobachtet werden: Hier nutzten mehrere Weibchen einen langen Riss als Nesteingang. Mit ihren Mandibeln (Kiefern) trugen einige Bienen die brüchigen Holzstückchen aus dem Nesteingang, während andere mit frisch geschnittenen Blattstückchen vom nahen Waldrand herbeiflogen und damit in den Eingang schlüpften. Wieder andere trugen hellen Pollen in der prall gefüllten Bauchbürste ein. Bei einer solchen kommunalen Nistweise liegt aber kein Sozialverhalten vor, da jedes Weibchen seine eigenen Nistzellen fertigt und versorgt.

BLÜTENBESUCH (Nahezu) oligolektisch; die Weibchen sammeln Pollen fast ausschließlich an Schmetterlingsblütlern wie Hornklee, Luzerne, Wicken und Kleearten.

LEBENSRAUM UND FLUGZEIT Bevorzugter Lebensraum sind Waldränder und Lichtungen der Mittelgebirgsregionen, in jüngerer Zeit zunehmend auch Ortschaften.
Die Art fehlt im norddeutschen Tiefland weitgehend. Die Flugzeit liegt im Juni und Juli.

KUCKUCKSBIENE Die Kegelbiene *Coelioxys lanceolata*.

Dieses Männchen trinkt Nektar an Lavendelblüten in der Nähe der Küstendünen von St. Peter-Ording.

Sand-Kegelbiene, Große Kegelbiene

Coelioxys conoidea (Illiger 1806)

AUSSEHEN Mit 12–15 mm eine sehr große Kegelbiene. Die weißen Haarbinden auf dem Hinterleib sind scharf begrenzt und dreieckig verbreitert. Während der Hinterleib des Weibchens spitz zuläuft, endet er beim Männchen stumpf und trägt Dornen. In Deutschland sind elf weitere Kegelbienenarten nachgewiesen. Die Gattung ist stets leicht zu erkennen, die einzelnen Arten sind aber im Gelände sehr schwer oder gar nicht zu bestimmen.

WIRTE Der wichtigste Wirt ist die Sand-Blattschneiderbiene (*Megachile maritima*), daneben auch die Wollfüßige Blattschneiderbiene (*Megachile lagopoda*). Alle Kegelbienenarten (*Gattung Coelioxys*) leben brutparasitisch, die meisten schmarotzen an Blattschneider- und Mörtelbienen der Gattung *Megachile*, einige aber auch an Mauerbienen (*Osmia*) und Pelzbienen (*Anthophora*).

BLÜTENBESUCH Man findet Männchen und Weibchen zur Nektaraufnahme an verschiedenen Pflanzen, beispielsweise Sand-Thymian, Berg-Sandglöckchen, Gewöhnlichem Natternkopf, Disteln oder Flockenblumen.

LEBENSRAUM UND FLUGZEIT Weit verbreitet, aber an die Sand-Lebensräume des Hauptwirts (Küsten- und Binnendünen, Sandheiden, Kiesgruben) gebunden und daher selten. Die Hochsommerart fliegt im Juli und August.

Ein Weibchen an der Wand einer Scheune in Brandenburg – eines der ersten Fotos dieser Art in Deutschland!

Rote Zweizahnbiene, Stumpfe Zweizahnbiene
Dioxys cincta (Jurine 1807)

AUSSEHEN Die 8–12 mm lange Art ist durch das rote erste Hinterleibssegment eindeutig erkennbar. Die rote Färbung erstreckt sich beim Männchen und in manchen Fällen beim Weibchen auch auf das zweite Segment. Allerdings kann die rote Farbe auch gänzlich fehlen. Namensgebend für diese Kuckucksbienengattung sind zwei Zähne auf dem Schildchen (Scutellum) am Thoraxhinterrand.
WIRTE Als Wirte kommen in Deutschland die Schwarze Mörtelbiene (*Megachile parietina*) und die Natternkopf-Mauerbienen (*Hoplitis adunca, H. anthocopoides*) infrage.
BLÜTENBESUCH Paul Westrich nennt als beliebte Nektarquellen im Schweizer Wallis Lippenblütler wie Edel-Gamander, Berg-Gamander und Feld-Thymian.

LEBENSRAUM UND FLUGZEIT Die Rote Zweizahnbiene war bis in jüngste Zeit nur aus Südeuropa und dem südlichen Mitteleuropa (Österreich, Schweiz) als seltene Bewohnerin von trockenen, felsigen Lebensräumen bekannt. Im Juni 2020 konnte Christoph Saure sie jedoch an zwei trockenwarmen Standorten in Brandenburg erstmals für Deutschland nachweisen, auch aus Süddeutschland kursieren erste Meldungen. An einer Scheunenwand mit Nesteingängen der Glänzenden Natternkopf-Mauerbiene (*Hoplitis adunca*) im weichen Mörtel ließ sie sich über mehrere Tage beobachten. Die Art ist ein eindrucksvolles Beispiel für das Ausbreitungspotenzial wärmeliebender Arten in Mitteleuropa.

Weibchen am Nistplatz der Weiden-Sandbiene.

Rothaarige Wespenbiene

Nomada lathburiana (Kirby 1802)

AUSSEHEN Wespenbienen sind eine Großgattung mit 64 in Deutschland nachgewiesenen Arten. Der Hinterleib ist – wie bei dieser Art – wespenartig schwarz-gelb gestreift oder auch vorwiegend rot glänzend. Die Unterscheidung der einzelnen Arten ist sogar für Spezialisten in vielen Fällen äußerst schwierig. Bei den Weibchen der 10–12 mm langen Rothaarigen Wespenbiene sind Beine, Augen und Fühler rot gefärbt. Kopf und Thorax sind kräftig rot behaart. Die Männchen haben grünliche Augen und sind schwer bestimmbar.

WIRTE Die Weibchen lassen sich an den Nistplätzen der Weiden-Sandbiene (*Andrena vaga*) ausgiebig beobachten. Um in Nester einzudringen, graben sie die Eingänge manchmal aktiv auf. Die Graue Sandbiene (*Andrena cineraria*) dient dieser Kuckucksbiene ebenfalls als Wirt. Duftstoffe der Wespenbienen verhindern offenbar aggressives Verhalten der Sandbienen. Die Wespenbiene legt ihr Ei in eine frisch mit Pollen und Nektar verproviantierte Wirtszelle. Die Wespenbienenlarve beseitigt das Ei oder die Larve der Sandbiene und ernährt sich von ihrem Pollenvorrat.

BLÜTENBESUCH Die Art trinkt an verschiedenen Blüten Nektar, beispielsweise an Huflattich, Löwenzahn oder Weiden.

LEBENSRAUM UND FLUGZEIT Weit verbreitet und häufig. Die Hauptflugzeit liegt im April/Mai.

Weibchen trinkt Nektar an Besenheide (*Calluna vulgaris*).

Heide-Wespenbiene

Nomada rufipes Fabricius 1793

AUSSEHEN Der Körper der Heide-Wespenbiene ist insgesamt schwarz mit breiten gelben, zum Teil in der Mitte unterbrochenen Querbinden sowie mehreren gelben (manchmal fast weißlichen) Flecken auf dem Thorax. Die Fühler sind überwiegend schwarz, an der Basis aber rötlich. Die Beine sind rot, bei manchen Exemplaren erscheinen sie rot-gelb gefleckt. Am besten ist die Art in Verbindung mit ihrem Auftreten an Heidekraut zu identifizieren.

WIRTE Die Heidekraut-Sandbiene (*Andrena fuscipes*) ist der Hauptwirt.

BLÜTENBESUCH Männchen und Weibchen sind häufig an den Blüten der Besenheide zu beobachten, nutzen aber auch den Nektar anderer Pflanzen.

LEBENSRAUM UND FLUGZEIT Die Art ist in Sandheiden weit verbreitet, durch den Rückgang dieser Lebensräume aber potenziell gefährdet. Heidekraut-Seidenbiene (*Colletes succinctus*), Heide-Filzbiene (*Epeolus cruciger*), Heidekraut-Sandbiene und Heide-Wespenbiene kann man in ausgedehnten Heideflächen wie der Lüneburger Heide oder den ehemaligen Truppenübungsplätzen im Nordosten Deutschlands (zum Beispiel Kyritz-Ruppiner Heide, Döberitzer Heide) zur Zeit der Heideblüte zuverlässig aufspüren. Aber auch Waldlichtungen oder Binnendünen mit kleineren Heideflächen können für dieses Quartett und weitere Wildbienen bedeutsam sein.

Weibchen auf Einjährigem Feinstrahl, den auch die Wirtsbienen häufig aufsuchen.

Gewöhnliche Filzbiene

Epeolus variegatus (Linnaeus 1758)

AUSSEHEN 6–8 mm. Filzbienen sind sehr charakteristisch gefärbte Kuckucksbienen: Den schwarzen Hinterleib überziehen mehrere Längsreihen filziger weißer Flecken. Typisch ist auch die gedrungene Gestalt mit dem buckelartig gewölbten Thorax. Die Augen der Weibchen sind hübsch rot marmoriert, die der Männchen grau-grün. Die einzelnen Arten sind im Gelände meist sehr schwer zu bestimmen. Die Weibchen der Gewöhnlichen Filzbiene haben rote Beine, die Schenkel des mittleren und hinteren Beinpaars sind jedoch meist mehr oder weniger schwarz. Die Art ist der Heide-Filzbiene (*Epeolus cruciger*) sehr ähnlich.

WIRTE Die Weibchen legen ihre Eier in die Nester von Buckel-Seidenbiene (*Colletes daviesanus*), Rainfarn-Seidenbiene (*Colletes similis*), Filzbindiger Seidenbiene (*Colletes fodiens*) und Küsten-Seidenbiene (*Colletes halophilus*).

BLÜTENBESUCH Männchen und Weibchen trinken besonders gern Nektar an Korbblütlern wie Rainfarn (*Tanacetum vulgare*), besuchen aber auch andere Pflanzen wie Berg-Sandglöckchen.

LEBENSRAUM UND FLUGZEIT Weit verbreitet; unsere häufigste Filzbiene. Von Juni bis August ist die Gewöhnliche Filzbiene in den Lebensräumen der Wirte zu beobachten, oft an sandigen, ruderalen Standorten.

Dieses Weibchen trinkt an Besenheide Nektar.

Heide-Filzbiene

Epeolus cruciger (Panzer 1799)

AUSSEHEN 6–8 mm. Die Heide-Filzbiene ist der Gewöhnlichen Filzbiene äußerst ähnlich. Die Beine der Weibchen sind komplett rot.

WIRTE Als Wirte gelten die Dünen-Seidenbiene (*Colletes marginatus*) und die Heidekraut-Seidenbiene (*Colletes succinctus*). Die Form der Heide-Filzbiene, die an der Dünen-Seidenbiene schmarotzt, ist jedoch deutlich kleiner. Einige Autoren vermuten, dass es sich dabei um eine eigenständige Art handelt. Alle heimischen Filzbienen sind übrigens Brutparasiten von Seidenbienen, beispielsweise die Schwarzbeinige Filzbiene (*Epeolus fallax*, bislang nur im Oberrheingebiet nachgewiesen) an der Efeu-Seidenbiene (*Colletes hederae*) und die Steppen-Seidenbiene (*Epeolus schummeli*, nur im Osten Brandenburgs) an der Ochsenzungen-Seidenbiene (*Colletes nasutus*).

BLÜTENBESUCH Die Heide-Filzbiene ist ein charakteristischer Blütenbesucher an Besenheide (*Calluna vulgaris*), nutzt aber auch andere Pflanzen wie Berg-Sandglöckchen und Rainfarn zur Nektaraufnahme.

LEBENSRAUM UND FLUGZEIT In Sandgebieten zu finden; als Kuckucksbiene der Dünen-Seidenbiene fliegt die kleine Form der Heide-Filzbiene im Juni und Juli auf Binnendünen und sandigen Brachflächen.

Im August und September lässt sich die „normale" Form in Heidegebieten beobachten.

Ein Weibchen trinkt Nektar an Gewöhnlichem Blutweiderich (links), ein Männchen nutzt Weidenblättrigen Alant als Nektarquelle.

Schmuckbiene

Epeoloides coecutiens (Fabricius 1775)

AUSSEHEN 9–10 mm. Diese sehr bunt gefärbten Bienen zählen zu den attraktivsten Erscheinungen der heimischen Bienenwelt. Die schwarz-roten Weibchen tragen auf dem Hinterleib weiße Filzflecken. Die Männchen sind am ganzen Körper rötlich gelb behaart, der Hinterleib ist rostrot gefärbt mit kleineren schwarzen und weißen Seitenflecken. Die Weibchen haben blaugraue, die Männchen besonders auffällige türkisblaue Augen.
WIRT Die Auen-Schenkelbiene (*Macropis europaea*) ist Hauptwirt der Schmuckbiene. Vereinzelt parasitiert sie wohl auch an der Wald-Schenkelbiene (*Macropis fulvipes*).
BLÜTENBESUCH Eine Reihe verschiedener Pflanzen werden als Nektarquellen genutzt. Von besonderer Bedeutung in den feuchten Lebensräumen der Wirte sind Sumpf-Storchschnabel und Blutweiderich.
LEBENSRAUM UND FLUGZEIT Von Ende Juni bis Mitte August kann man Schmuckbienen in den Fluggebieten der Auen-Schenkelbiene finden, also auf Feuchtwiesen, in Flussauen, in Niedermoorgebieten und im Uferbereich von Gewässern, wo Gewöhnlicher Gilbweiderich wächst. Da dort oft auch Blutweiderich blüht, findet man an diesen Stellen neben Schenkel- und Schmuckbiene meist die Blutweiderich-Sägehornbiene (*Melitta nigricans*).

In der Döberitzer Heide westlich von Berlin kann man Sandgängerbienen im Juli auf Rispen-Flockenblumen beobachten.

Große Sandgängerbiene

Ammobates punctatus (Fabricius 1804)

AUSSEHEN 7–8 mm. Männchen und Weibchen sind sehr ähnlich gefärbt: Der rote Hinterleib ist zum Ende hin schwarz verdunkelt und trägt auf den vorderen Segmenten seitlich weißliche Filzflecken, die sich auf den hinteren Segmenten zu weißen Binden ausweiten. Der übrige Körper ist schwarz, teilweise ebenfalls verwaschen weißfilzig behaart. Die Art ist die einzige ihrer Gattung in Deutschland und damit unverwechselbar.

WIRT Die Dünen-Pelzbiene (*Anthophora bimaculata*) ist der einzige Wirt dieser Kuckucksbiene.

BLÜTENBESUCH Als Nektarquellen sind unter anderem Berg-Sandglöckchen, Natternkopf und Sand-Thymian belegt. In den Sandgebieten Berlins und Brandenburgs lässt sich die Art am ehesten auf den Blüten der Rispen-Flockenblume (*Centaurea stoebe*) beobachten.

LEBENSRAUM UND FLUGZEIT Voraussetzung für das Vorkommen der Kuckucksbiene sind selbstverständlich stabile Populationen der Wirtsbiene. Da die Dünen-Pelzbiene an Binnendünen und Flugsande gebunden ist, besteht auch nur hier die Möglichkeit, die sehr seltene Sandgängerbiene an deren Nistplätzen oder auf Blüten zu finden, insbesondere im Südwesten und Nordosten Deutschlands. Die Flugzeit beginnt Ende Juni und endet Mitte August.

Ein Weibchen hat mit seinem „Stechsaugrüssel" die Kronröhre von außen durchdrungen und „stiehlt" Nektar vom Garten-Geißblatt.

Blauschwarze Holzbiene

Xylocopa violacea (Linnaeus 1758)

AUSSEHEN Mit 20–28 mm Länge unsere größte einheimische Biene. Die Tiere sind komplett schwarz, der Körper und vor allem die Flügel schillern je nach Lichteinfall bläulich. Auf dem Thorax der Männchen sind graue Haare eingestreut, sodass dieser Bereich vor allem bei seitlicher Betrachtung aufgehellt wirkt. Die Fühler der Männchen sind nahe der Spitze s-förmig gekrümmt und orange geringelt. Sehr ähnlich ist die Südliche oder Östliche Holzbiene (*Xylocopa valga*), die eigentlich südlicher verbreitet ist, aber in Südwestdeutschland (Oberrheingebiet) bereits Fuß gefasst hat und auch schon einmal in Sachsen gefunden wurde.

NISTWEISE Die Blauschwarze Holzbiene benötigt zum Nisten ein ausreichendes Angebot an sonnenexponiertem, noch hartem Totholz. Sowohl abgestorbene, noch stehende Stämme von Laubbäumen (zum Beispiel Apfelbäume) als auch liegende, aufgeschichtete Holzscheite sowie Balken und Zaunpfähle werden besiedelt. Das Weibchen nagt nach der Paarung im Frühling, meist im Mai, ein fingerdickes Eingangsloch, von dem es mit den kräftigen Mandibeln (Kiefern) auf- und abwärts führende Gänge (bis zu einem Meter lang!) aushöhlt. Darin werden linear die Brutzellen angelegt, deren Trennwände aus mit Speichel verklebten Holzstückchen bestehen.

Dieses frisch geschlüpfte Männchen trinkt Nektar an Lavendelblüten. Männchen und Weibchen überwintern und sind sogar an wärmeren Wintertagen zu sehen

BLÜTENBESUCH Überaus polylektisch. Sehr intensiv werden großblütige Pflanzen mit üppigen Blütenständen angeflogen wie Blauregen, Garten-Wicken, Salbei oder Garten-Geißblatt. Nektarraub durch Anstechen der Blütenkrone von außen ist mehrfach belegt. Die Weibchen transportieren den Pollen sowohl im Kropf als auch in den Haarbürsten der Hinterbeine.

LEBENSRAUM UND FLUGZEIT Die wärmeliebende Art war bis etwa 1990 in Deutschland nur in den warmen Flusstälern im Süden und Südwesten verbreitet. Seither dehnt sie ihr Verbreitungsgebiet kontinuierlich aus und wird regelmäßig auch in höheren Lagen der Mittelgebirge und im Norden Deutschlands gesichtet. In den letzten Jahren ist sie beispielsweise in Berlin und Brandenburg häufig geworden. Sie besiedelt dabei alle möglichen strukturreichen Lebensräume mit Totholzangebot. In Streuobstwiesen, Parks und Gärten ist sie häufig. Männchen und Weibchen überwintern in Verstecken (zum Beispiel Mauerlöchern), fliegen aber sogar an milden, sonnigen Tagen im Winter aus. Die Paarung erfolgt im Frühling. Im Spätsommer schlüpfen die Bienen der nächsten Generation und können dabei meist noch ihren Müttern begegnen.

KUCKUCKSBIENEN Keine.

Weibchen im Blütenkörbchen des Kleinen Habichtskrauts (*Hieracium pilosella*).

Gewöhnliche Keulhornbiene

Ceratina cyanea (Kirby 1802)

AUSSEHEN 6–7 mm. Der dunkle Körper schimmert blaugrün. Die namensgebenden Fühler sind kurz und keulenförmig. Bei den Männchen ist die untere Gesichtshälfte weiß gefärbt. Nur im wärmebegünstigten Südwesten Deutschlands kann man zwei weitere Arten der Gattung antreffen: die Große Keulhornbiene (*Ceratina chalybea*) und die Schwarzglänzende Keulhornbiene (*Ceratina cucurbitina*).

NISTWEISE Die Weibchen legen die Nistzellen linienartig in markhaltigen Stängeln und Zweigen an, beispielsweise von Brombeeren, Holunder, Königskerzen und Disteln.
Dafür wird ein rund 30 cm langer Gang ausgenagt. Die Zellzwischenwände werden aus abgenagten Markteilchen gefertigt.

BLÜTENBESUCH Polylektisch. Die Weibchen sammeln Pollen unter anderem an Korbblütlern und Glockenblumen.

LEBENSRAUM UND FLUGZEIT Brachflächen, Waldränder, Lichtungen, Hecken, Parkanlagen und manchmal auch Gärten zählen zu den Lebensräumen dieser Art, die einen interessanten Entwicklungszyklus aufweist: Männchen und Weibchen schlüpfen im Spätsommer oder Herbst, überwintern einzeln oder auch in größerer Zahl in hohlen Pflanzenstängeln, fliegen erst recht spät im Frühling aus und paaren sich dann. Anschließend beginnen die Weibchen mit dem Nestbau.

KUCKUCKSBIENEN Unbekannt.

Männchen (links) und auf Rispen-Flockenblume sammelndes Weibchen.

Flockenblumen-Langhornbiene

Eucera dentata Germar 1839
Synonym: *Tetraloniella dentata* (Germar 1839)

AUSSEHEN 12–14 mm. Bei frisch geschlüpften Weibchen und Männchen ist der Thorax rotbraun, gegen Ende der Flugzeit zunehmend grau behaart. Besonders auffällig sind die sehr breiten zweiten und dritten Hinterleibssegmente der Weibchen, die an der Basis weißfilzig behaart, am Ende ausgedehnt schwarz und glatt sind. Beide Geschlechter sind durch ihre matt türkisfarbenen Augen gekennzeichnet. Die Fühler der Männchen sind sehr lang.

NISTWEISE Die Nistgänge werden in sandigen Boden gegraben.

BLÜTENBESUCH Alle Langhornbienen sind oligolektisch. Diese Art ist auf Korbblütler spezialisiert. Wichtigste Pollenquelle ist die Rispen-Flockenblume (*Centaurea stoebe*), daneben andere Flockenblumen- und Distelarten. Meist trinken die Männchen hier auch Nektar.

LEBENSRAUM UND FLUGZEIT Die Flockenblumen-Langhornbiene ist sehr selten und kommt aktuell nur noch in den großen Sandgebieten Nordostdeutschlands mit deutlichem Schwerpunkt in Berlin und Brandenburg vor, und zwar auf Brachen und ruderalen Stellen, Binnendünen und extensiv genutzten Weiden mit großen Beständen an Flockenblumen. Flugzeit: Juli bis August.

KUCKUCKSBIENE Im südlichen Mitteleuropa die Filzbiene *Epeolus tristis* (in Deutschland bislang nicht nachgewiesen).

Dieses Weibchen sammelt Pollen und Nektar an Wald-Platterbse (*Lathyrus sylvestris*) im Botanischen Garten Berlin.

Juni-Langhornbiene

Eucera longicornis (Linnaeus 1758)

AUSSEHEN Mit 13–15 mm Länge eine recht große Biene. Die Weibchen haben eine kompakte, gedrungene Gestalt. Der Hinterrand des Kopfes, der Thorax und das erste Segment des Hinterleibs sind gelbbraun behaart. Die folgenden Segmente sind dunkel mit verwaschenen, filzigen, hellen Flecken. Kräftige hellbraune Haare bilden eine lang gestreckte Sammelbürste an den Hinterbeinen. Die Männchen mit ihren kurios anmutenden, äußerst langen Fühlern zählen zu den bemerkenswertesten Erscheinungen der heimischen Bienenwelt. Sie haben eine hellgelbe Gesichtsmaske. Eine dichte rotbraune, im Laufe des Lebens zu Grau verblassende Behaarung bedeckt den Thorax und die ersten beiden Hinterleibssegmente. Die Mai-Langhornbiene (*Eucera nigrescens*) und auch die sehr seltene Wicken-Langhornbiene (*Eucera interrupta*) sind im Gelände nicht von dieser Art zu unterscheiden.

NISTWEISE Die Weibchen legen ihre Nester in sandigem oder lehmigem Boden in ebenen oder geneigten Flächen an und können größere Kolonien bilden. Sie graben einen rund 10 cm langen Gang in die Tiefe, von dem schräg ein sich verzweigender Gang zu den Brutzellen führt.

BLÜTENBESUCH Oligolektisch, auf Schmetterlingsblütler spezialisiert. Zaun-Wicke und Vogel-Wicke, Hornklee, verschiedene Klee- und Platterbsenarten werden von Männ-

Das Männchen startet mit noch ausgestreckter Zunge von der Nektarquelle. Seine braune Behaarung ist schon ziemlich verblasst.

chen und Weibchen aufgesucht. Der Pollen wird feucht gesammelt, also mit Nektar zu wachsenden Klumpen an den Hinterbeinen geformt. Von Langhornbienen-Männchen, insbesondere bei der nah verwandten Mai-Langhornbiene, ist bekannt, dass sie auf festen „Futterplatzbahnen" die Blüten der Nahrungspflanzen abfliegen und hier die Weibchen erwarten.

LEBENSRAUM UND FLUGZEIT Die Männchen der Juni-Langhornbiene erscheinen ab Mitte Mai, und zwar etwa drei Wochen vor den Weibchen, deren Aktivitäten bis Mitte Juli andauern. Damit gibt die Flugzeit einen Hinweis zur Unterscheidung von der Mai-Langhornbiene, die bereits von Mitte April bis Mitte Juni fliegt. Bevorzugte Lebensräume sind trockenwarme Wiesen, Brachen und Dämme. Die Juni-Langhornbiene ist weit verbreitet, aber meist nicht so häufig wie die Mai-Langhornbiene. In Berlin liegt das bedeutsamste Vorkommen im Botanischen Garten, dessen Wildbienenbestände Christoph Saure erfasst hat. Die Bestimmung fällt hier leicht, da die Mai-Langhornbiene in Berlin aktuell nicht vorkommt. Botanische Gärten sind aufgrund des gesicherten Vorkommens von Trachtpflanzen hervorragende Orte, um viele oligolektische Arten gezielt zu beobachten.

KUCKUCKSBIENE Die Wespenbiene *Nomada sexfasciata*.

Weibchen auf der Suche nach einem geeigneten Nistplatz im Sandboden.

Frühlings-Pelzbiene

Anthophora plumipes (Pallas 1772)

AUSSEHEN Mit 14–15 mm ist diese kräftige, hummelähnliche Pelzbiene einer unserer auffälligsten Frühlingsboten. Die Weibchen sind schwarz-braun-grau behaart, zeigen nur schwach erkennbare helle Binden auf den Hinterleibssegmenten und besitzen eine rötlich gelbe Sammelbürste an den Schienen der Hinterbeine. Es gibt eine dunkle Farbvariante, in der die Weibchen abgesehen von der Sammelbürste komplett schwarz behaart sind. Der hellbraune Haarpelz der Männchen ist lang und dicht, zum Ende des Hinterleibs hin dunkler. Die Männchen tragen eine leuchtend gelbe Gesichtsmaske. Die Tarsenglieder (Füße) des mittleren Beinpaars sind sehr lang und mit extrem langen Fransen besetzt.

NISTWEISE Als Nistplätze dienen Steilwände aus Löss, Lehm, Sand oder weichem Sandstein ebenso wie Lehm- oder Kalkmörtelfugen in Mauerwerk und sogar das Innere von Gebäuden, beispielsweise in Scheunen und Ställen. Außerdem gräbt die Frühlings-Pelzbiene ihre Nistgänge gern in vegetationsfreien Sandboden, sofern er beispielsweise unter Dachvorsprüngen vor Regen geschützt ist. Die Weibchen bilden manchmal Kolonien mit mehreren Hundert Nestern. Die sich verzweigenden Gänge eines Nestes führen oft nicht mehr als 5 cm in die Tiefe. In den Seitengängen werden Brut-

Männchen trinkt Nektar an Gefingertem Lerchensporn in einem Stadtpark.

zellen mit Lehmwänden geformt.

BLÜTENBESUCH Polylektisch. Die Weibchen sammeln Pollen an vielen verschiedenen Pflanzen wie Lungenkraut, Taubnesseln, Lerchensporn und Schlüsselblumen, im Garten unter anderem an Rosmarin und Kultur-Heidelbeeren. Sehr charakteristisch ist das Verhalten der Männchen, die sehr oft an pink oder violett blühenden Frühblühern (beispielsweise an Echtem Lungenkraut, Gefingertem Lerchensporn, Purpur-Taubnessel) auf festen, durch Duftstoffe markierten Bahnen patrouillieren, hier Nektar trinken und die später schlüpfenden Weibchen erwarten. Die Paarungen finden an den Blüten oder in deren Umfeld statt.

LEBENSRAUM UND FLUGZEIT Die Frühlings-Pelzbiene erscheint als eine der ersten Bienen im Jahr: Ab Mitte März werden die Männchen aktiv, erst zwei bis drei Wochen später die Weibchen (Proterandrie). Die Flugzeit reicht bis Anfang Juni. Die weit verbreitete Art ist unsere häufigste Pelzbiene. Bevorzugte Lebensräume sind Kiesgruben, Flussauen, Parkanlagen und Gärten. Als Kulturfolgerin ist sie in Dörfern und Städten regelmäßig anzutreffen. Die Nistplätze liegen oft weit entfernt von den Nahrungsquellen, die sie in Blumenbeeten, an Waldrändern oder auf Wiesen findet.

KUCKUCKSBIENE Die Frühlings-Trauerbiene (*Melecta albifrons*).

Weibchen beim Blütenbesuch an Hohlzahn.

Wald-Pelzbiene

Anthophora furcata (Panzer 1798)

AUSSEHEN 11–12 mm. Das Weibchen ist am ganzen Körper recht einheitlich braun behaart – bis auf die schwarzen Haare mittig auf dem Thorax und die hellrote Spitze des Hinterleibs. Das ebenfalls braune Männchen hat ein hellgelbes Gesicht.

NISTWEISE Die Wald-Pelzbiene nistet als einzige heimische Pelzbiene in morschem Holz, in das die Weibchen sich verzweigende Gänge nagen. Darin fertigen sie aus den feinen Spänen, die beim Nagen anfallen, Brutzellen, die in einer Reihe hintereinanderliegen. Ihre Wände werden mit einem Sekret ausgekleidet. Als Nistplätze dienen Baumstümpfe, umgestürzte Bäume, morsche Äste oder Zaunpfähle.

BLÜTENBESUCH Polylektisch, bevorzugt aber Lippenblütler. Die Weibchen sammeln den Pollen häufig an Schwarznessel, verschiedenen Ziest-, Minze- und Hohlzahnarten. Männchen und Weibchen fliegen meist in hoher Geschwindigkeit und nur mit kurzen Aufenthalten von Blüte zu Blüte.

LEBENSRAUM UND FLUGZEIT Diese Art ist von Juni bis August aufgrund ihrer Bindung an Totholz meist in Waldlebensräumen im weitesten Sinne zu finden: Sie fliegt an Waldrändern, auf Lichtungen, auf Wiesen in Waldnähe, in Parkanlagen und auf Streuobstwiesen. Die Wald-Pelzbiene ist weit verbreitet, aber nicht sehr häufig und leicht zu übersehen.

KUCKUCKSBIENE Die Kegelbiene *Coelioxys rufescens.*

Weibchen beim Blütenbesuch an Rispen-Flockenblume.

Dünen-Pelzbiene

Anthophora bimaculata (Panzer 1798)

AUSSEHEN Die kleine, nur 8–9 mm lange Pelzbiene ist im Gelände schon aufgrund ihres durchdringenden, hohen Flugtones unverkennbar. Die Weibchen haben türkisblaue, die Männchen grüne Augen. Während bei den Männchen die untere Gesichtspartie komplett gelb ist, zeigen die Weibchen hier zwei große, kantige, schwarze Flecken. Die bräunliche Thoraxbehaarung verblasst schnell zu Grau. Die Hinterleibssegmente, die bei den Weibchen filzig grau erscheinen, tragen helle Binden an den Enden. In den Sammelbürsten an den Hinterschienen können beachtliche Mengen Pollen transportiert werden.

NISTWEISE Die Nester werden in den Sandboden gegraben, in ebenen Flächen oder an Abbruchkanten.

BLÜTENBESUCH Polylektisch. Besonders häufig sind Dünen-Pelzbienen an den Blüten von Berg-Sandglöckchen, Natternkopf, Ochsenzunge und Rispen-Flockenblume zu beobachten.

LEBENSRAUM UND FLUGZEIT Die Dünen-Pelzbiene ist eine charakteristische Art der Sandgebiete: Auf Flugsandfeldern und Binnendünen, auch auf Lichtungen von Kiefernwäldern oder sandigen Brachflächen kann sie von Juni bis August zahlreich auftreten (etwa in Brandenburg). Aufgrund ihrer engen Bindung an diese gefährdeten Lebensräume ist sie deutschlandweit aber selten.

KUCKUCKSBIENE Die Große Sandgängerbiene (*Ammobates punctatus*).

Ein seltenes Beobachtungs-Highlight: Ein Weibchen beim Blütenbesuch an einer Schwarznessel.

Schuppen-Pelzbiene

Anthophora pubescens (Fabricius 1781)

AUSSEHEN 8–9 mm. Die Weibchen der Schuppen-Pelzbiene sind durch ihre kurze weiße („schuppige") Behaarung auf dem Hinterleib unverkennbar – von Weitem sehen sie wie verschimmelt aus. Der Thorax ist dicht und lang graubraun behaart. Die Sammelbürste an den Hinterbeinen besteht aus langen weißen Haaren. Die leuchtend weiße Gesichtsmaske der Männchen ist im Randbereich von vier kleinen schwarzen Flecken eingefasst.

NISTWEISE Als Nistplätze dienen Steilwände, bevorzugt aus Löss oder Lehm. Die Weibchen graben hier oft in größeren Kolonien ihre Nistgänge hinein.

BLÜTENBESUCH Polylektisch. Als Pollenquellen sind Natternkopf und Sonnenröschen belegt, die Hauptrolle spielen aber Lippenblütler, darunter in Ortschaften gepflanzter Lavendel, wie Paul Westrich am Kaiserstuhl beobachtete. Lieblingspflanze in Brandenburg ist die Schwarznessel (*Ballota nigra*).

LEBENSRAUM UND FLUGZEIT Die Schuppen-Pelzbiene ist in Deutschland extrem selten, kommt an ihren wenigen Standorten aber meist in größerer Zahl vor, so am Kaiserstuhl in Baden-Württemberg und an den Oderhängen in Brandenburg. Sie fliegt von Anfang Juli bis Mitte August an trockenwarmen Hängen und in Weinbergen.

KUCKUCKSBIENEN Die Kegelbiene *Coelioxys rufescens* und die Fleckenbiene *Thyreus orbatus*.

Bereits Ende März trinkt diese Frühlings-Trauerbiene Nektar an Rosmarinblüten in einem Garten im Saarland.

Frühlings-Trauerbiene, Gemeine Trauerbiene

Melecta albifrons (Forster 1771)

AUSSEHEN Mit 12–14 mm erreicht diese Kuckucksbiene etwa die Größe einer Honigbiene. Männchen und Weibchen sind recht ähnlich gefärbt: Der Thorax ist buschig hellbraun behaart. Am Hinterleib trägt das erste Segment lange gelbbraune Haare, seitlich am sonst schwarzen Hinterleib befinden sich zusätzlich auf dem folgenden und manchmal auch auf weiteren Segmenten helle Flecken. Deutlich seltener ist die schwarz-weiße Pracht-Trauerbiene (*Melecta luctuosa*) als einzige weitere Art dieser Gattung in Deutschland.

WIRTE Die Frühlings-Trauerbiene ist Brutparasit einiger Pelzbienen. Hauptwirt ist die Frühlings-Pelzbiene (*Anthophora plumipes*). Wenn die Trauerbienen-Weibchen Wirtsnester inspizieren, kann es zu Auseinandersetzungen mit Weibchen der Frühlings-Pelzbiene kommen, die diese Eindringlinge zu vertreiben versuchen.

BLÜTENBESUCH Die Trauerbienen decken ihren Energiebedarf mit Nektar verschiedener Blütenpflanzen. Häufig werden Lippenblütler wie Taubnesseln aufgesucht, aber auch unterschiedliche Zierpflanzen in Gärten.

LEBENSRAUM UND FLUGZEIT Ähnlich wie der Hauptwirt weit verbreitet und häufig, auch in Ortschaften. Die Flugzeit beginnt im März und reicht bis Juni.

Königin der Dunklen Erdhummel (*Bombus terrestris*) Anfang April an Purpurroter Taubnessel (*Lamium purpureum*).

Erdhummeln

Bombus terrestris s.l.

AUSSEHEN Erdhummeln bilden einen Komplex aus vier Arten, die im Gelände und auf Fotos in den meisten Fällen nicht zweifelsfrei bestimmt werden können:
Dunkle Erdhummel – *Bombus terrestris* (Linnaeus 1758);
Helle Erdhummel – *Bombus lucorum* (Linnaeus 1761);
Kryptarum-Erdhummel – *Bombus cryptarum* (Fabricius 1775);
Große Erdhummel – *Bombus magnus* Vogt 1911.

Sie weisen das folgende Farbmuster auf: Der Körper ist schwarz behaart, trägt jedoch zwei gelbe Querbinden – eine auf dem Thorax unmittelbar hinter dem Kopf, die zweite auf dem zweiten Hinterleibssegment. Die letzten beiden Segmente sind weiß behaart. Hinweise auf die Artzugehörigkeit gibt insbesondere die gelbe Thoraxbinde. Sie ist bei der Dunklen Erdhummel braungelb, schmal und endet seitlich am Flügelansatz. Bei der Hellen Erdhummel ist sie breiter und zitronengelb. Bei der Kryptarum-Erdhummel und der Großen Erdhummel hat sie eine goldgelbe Farbe und reicht recht weit unter den Flügelansatz hinab. Diese Merkmale gelten aber als nicht zuverlässig.
Die Männchen sind nur bei der Hellen Erdhummel leicht zu bestimmen, wenn ihre dunklen Haare weiße Spitzen aufweisen, sodass in der Kombination mit der ausgedehnt gelben Behaarung (auch im Gesicht) die Tiere insgesamt graugelb erscheinen.

Männchen der Hellen Erdhummel (*Bombus lucorum*) Anfang August an Besenheide (*Calluna vulgaris*).

Die Königinnen erreichen vor allem bei der Dunklen Erdhummel eine stattliche Größe von 20–23 mm. Erdhummel-Arbeiterinnen sind 9–17 mm, Männchen 13–16 mm lang. Kopf und Rüssel sind bei Erdhummeln sehr kurz.

NISTWEISE Erdhummeln nisten fast immer unterirdisch, am liebsten in Mäusenestern. Die Dunkle Erdhummel ist aber sehr flexibel: Ihr Nest kann sowohl bis zu 1,5 m tief in der Erde als auch unter Heu in Ställen liegen.

BLÜTENBESUCH Polylektisch. Die kurzrüsseligen Hummeln begehen häufig Nektarraub, zum Beispiel an Schmetterlings- und Lippenblütlern.

LEBENSRAUM UND FLUGZEIT Dunkle und Helle Erdhummel sind Ubiquisten, die nahezu alle strukturreichen Lebensräume besiedeln, auch Parks und Gärten. Die Völker erreichen im Sommer eine Stärke von mehreren Hundert (Helle Erdhummel: bis 400; Dunkle Erdhummel: bis 600) Individuen. Nestsuchende Königinnen erscheinen ab Ende Februar, Jungköniginnen und Männchen fliegen vor allem im Juli/August aus. Die Große Erdhummel ist sehr selten und scheint große Heidegebiete zu bevorzugen; ihre Entwicklung verläuft etwas später im Jahr.

KUCKUCKSHUMMELN Gefleckte Kuckuckshummel (*Bombus vestalis*) bei der Dunklen Erdhummel, Böhmische Kuckuckshummel (*Bombus bohemicus*) bei der Hellen Erdhummel.

Eine weibliche Ackerhummel vertieft sich in Schnittlauchblüten im Garten.

Ackerhummel

Bombus pascuorum (Scopoli 1763)

AUSSEHEN Die Ackerhummel ist in ihrer Färbung sehr variabel. Der Thorax ist oberseits leuchtend orangebraun behaart, in der Mitte liegt allerdings ein durch schwarze Haare deutlich verdunkelter Bereich. Der Hinterleib ist auf den ersten vier Segmenten schwarzgrau, am Ende wieder orangebraun gefärbt. In manchen Fällen dominiert statt der „feurigen" Thoraxbehaarung ein verwaschenes Gelbgrau, andere Exemplare sind hingegen stark verdunkelt. Im Laufe der oft langen Flugzeit eines Tieres verblassen die Haare zudem und reiben sich ab. Arbeiterinnen sind klein bis mittelgroß (9–15 mm), die Königinnen erreichen eine Länge von 15–18 mm, Männchen liegen in der Größe dazwischen (12–14 mm). Die Männchen sind den weiblichen Tieren ähnlich, zeigen aber oft eine deutliche schwarz-weiße Querbänderung auf dem Hinterleib.

NISTWEISE Ackerhummeln sind überaus flexibel in der Wahl ihres Neststandortes: Unterirdische Mäusenester können ebenso gewählt werden wie Vogelnistkästen oder Eichhörnchennester, Kompost- und Strohhaufen, Ställe, Hohlräume hinter Wandverkleidungen oder Dachböden. Das Volk kann eine Stärke von bis zu 150 Individuen erreichen.

BLÜTENBESUCH Polylektisch. Die Vielfalt der besuchten Pflanzenarten ist kaum einzugrenzen. Blühende Obstbäume sind ebenso beliebt wie Taubnesseln, Klee, Disteln oder – als letzte Nahrung im Spätherbst – Efeu.

LEBENSRAUM UND FLUGZEIT In den meisten Fällen werden Ackerhummelköniginnen nach der Überwinterung im April aktiv.

Ein frisch geschlüpftes Männchen auf einer Rispen-Flockenblume.

Jungköniginnen und Männchen erscheinen ab Juli, vor allem im August. Manchmal gibt es zwei Entwicklungshöhepunkte, sodass die Geschlechtstiere in zwei Schüben im Juli und August schlüpfen. Bemerkenswert ist die lange Lebensdauer der Völker bis weit in den Oktober hinein. Sogar Anfang November kann man noch Ackerhummeln beobachten. Es ist auch keine Bevorzugung bestimmter Lebensräume erkennbar. Die Art ist nahezu allgegenwärtig, sofern ein Blütenangebot vorhanden ist. Als Kulturfolgerin ist sie oft die wohl häufigste Hummel in Städten und Dörfern, besonders auf Brachflächen, in Parkanlagen und Gärten.

KUCKUCKSHUMMEL Feld-Kuckuckshummel (*Bombus campestris*).

TIPP: HÄUFIGE HUMMELN

Diese sieben Hummelarten gelten als ausgeprägte Kulturfolger:

Ackerhummel
(*Bombus pascuorum*)
Dunkle Erdhummel
(*Bombus terrestris*)
Helle Erdhummel
(*Bombus lucorum*)
Steinhummel
(*Bombus lapidarius*)
Wiesenhummel
(*Bombus pratorum*)
Baumhummel
(*Bombus hypnorum*)
Gartenhummel
(*Bombus hortorum*)

Sie können im Garten durch Blütenreichtum und Nistmöglichkeiten gefördert und ausgiebig beobachtet werden.

Eine Arbeiterin sammelt Pollen und Nektar an Himbeerblüten.

Wiesenhummel

Bombus pratorum (Linnaeus 1761)

AUSSEHEN Die Wiesenhummel ist mit 9–14 mm, bei den Königinnen 15–17 mm Körperlänge eine eher kleine, aber recht bunte Hummel: Der „Kragen" hinter dem Kopf ist gelb, ebenso das erste Hinterleibssegment. Das Ende des Hinterleibs (Segmente vier bis sechs) weist eine orangerote Behaarung auf. Die gelbe Färbung kann jedoch deutlich reduziert sein: Häufiger fehlt die gelbe Binde auf dem Hinterleib, manchmal auch auf dem Thorax. Die besonders „flauschigen" Männchen (11–13 mm) hingegen zeigen eine sehr ausgedehnte Gelbfärbung, auch ihr Gesicht ist gelb behaart.

NISTWEISE Die Wiesenhummel ist relativ flexibel in der Wahl ihrer Nistplätze: Selten suchen die Königinnen unterirdische Mäusenester, häufiger Vogelnester, Nistkästen, Moospolster, Grasbüschel oder Dachisolierungen aus. Die Völker bleiben mit 50–120 Individuen relativ klein.

BLÜTENBESUCH Polylektisch. Auffällig ist der intensive Besuch blühender Obstbäume im Frühling. Die Wiesenhummel gilt als wichtiger Bestäuber von Kulturpflanzen.

LEBENSRAUM UND FLUGZEIT Die Wiesenhummel ist nicht nur auf offenem Wiesengelände zu Hause, sondern kann regelmäßig in lichten Wäldern und an Waldrändern beobachtet werden. Sie ist vom Tiefland bis ins Hochgebirge weit verbreitet und im Garten eine der häufigsten Arten. Dabei tritt sie hauptsächlich im Frühjahr und Frühsommer auf: Mitte März erscheinen die Jungköniginnen, An-

Schon Ende Mai trinkt dieses Männchen an Himbeerblüten Nektar.

fang April bereits die ersten Arbeiterinnen, Schon ab Ende Mai kann man den auffälligen Männchen begegnen – damit ist diese Hummel die erste im Jahr, die die Entwicklung ihrer Völker vollendet.

KUCKUCKSHUMMEL Wald-Kuckuckshummel (*Bombus sylvestris*).

IM HUMMELNEST: POLLENSTORER UND POCKETMAKER
Hummeln formen ihre Brutzellen im Nest aus Wachs. Zu Beginn legt die Königin einen Vorrat von Pollen und Nektar in einer Kammer ab, von dem sich die ersten Larven gemeinschaftlich ernähren. Danach versorgt die Königin sie bis zur Verpuppung mit neuer Nahrung. Außerdem wärmt sie ihre Brut. Neben der Brutzelle steht separat ein mit Nektar gefülltes Wachstöpfchen, das die Königin selbst als Nahrungsreserve nutzt. Nach dem Schlüpfen der ersten Arbeiterinnen übernehmen diese nun vielfältige Aufgaben des Bauens und der Versorgung. Der eingetragene Pollen wird nach den Sammelflügen übrigens bei einigen Arten in den ehemaligen, mit Wachs verlängerten Puppenkokons als Vorrat gelagert und von dort aus an die Larven verfüttert („Pollenstorer") oder in Wachstaschen direkt an den Brutzellen eingebracht, aus denen die Larven eigenständig fressen („Pocketmaker").

Männchen trinkt Nektar an Lavendel (links), Arbeiterin sammelt Pollen und Nektar an Wilder Resede.

Steinhummel

Bombus lapidarius (Linnaeus 1758)

AUSSEHEN Königin bis 22 mm lang, Arbeiterinnen und Männchen bis 16 mm. Die weiblichen Tiere sind tiefschwarz, nur die letzten drei Hinterleibssegmente sind hellrot behaart. In anspruchsvolleren Lebensräumen, in denen weitere Hummeln mit rotem Hinterleibsende fliegen, ist eine Bestimmung oft schwierig. Die gleiche Farbkombination können auch Glockenblumen- oder Distelhummel (*B. soroeensis*), Grashummel (*B. ruderarius*), Samthummel (*B. confusus*) und Bergwaldhummel (*B. wurflenii*) aufweisen. Die Männchen der Steinhummel sind anhand der gelben Gesichtsbehaarung und des breiten gelben „Kragens“ hinter dem Kopf leicht zu erkennen.

NISTWEISE Die relativ großen Völker (bis 300 Individuen) entwickeln sich unterirdisch (Mäusenester) oder oberirdisch (Hohlräume in Mauern, Steinhaufen, Vogelnistkästen, Dachböden, Scheunen und Ställe).

BLÜTENBESUCH Polylektisch.

LEBENSRAUM UND FLUGZEIT Weit verbreitet und häufig im Offenland, an Waldrändern und in Gärten. Die Königinnen suchen ab März oder April nach Nistplätzen. Männchen und Jungköniginnen erscheinen im Juli. Die Flugzeit reicht bis Anfang Oktober.

KUCKUCKSHUMMEL Die Felsen-Kuckuckshummel (*Bombus rupestris*), die ähnlich wie die Steinhummel gefärbt ist.

Die Gartenhummel besucht sehr gern Distelblüten, erreicht mit ihrem langen Rüssel aber auch den Nektar in besonders tiefen Blütenkelchen.

Gartenhummel

Bombus hortorum (Linnaeus 1761)

AUSSEHEN Die Gartenhummel ist eine große Hummel: Königinnen bis 22 mm, Arbeiterinnen 11–16 mm, Männchen 13–15 mm. Die Farbfolge ist sehr einheitlich: Der Thorax ist gelb-schwarz-gelb gemustert. Der Hinterleib ist zu Beginn erneut breit gelb behaart (erstes Segment), dann folgen drei schwarze Segmente, das Körperende ist weiß. Kopf und Rüssel sind lang. Sehr ähnlich sind die viel selteneren Arten Feldhummel (*Bombus ruderatus*), Heidehummel (*B. jonellus*) und die von Osten kürzlich in Deutschland eingewanderte Semenov- oder Taiga-Hummel (*B. semenoviellus*).

NISTWEISE Die Gartenhummel nistet sowohl unterirdisch in Mäusenestern als auch oberirdisch in Vogelnestern und -nistkästen, Ställen, Scheunen und auf Dachböden. Ihre Völker können bis 120 Individuen umfassen.

BLÜTENBESUCH Polylektisch.

LEBENSRAUM UND FLUGZEIT Auch die Gartenhummel zählt zu den weit verbreiteten und häufigen Arten, die unterschiedliche Lebensräume besiedelt: lichte Laubwälder, Waldränder, Wiesen, Dämme, Böschungen, Parkanlagen und Gärten. Im März/April werden die Königinnen aktiv, ab Ende Juni erscheinen Jungköniginnen und Männchen, die manchmal noch teilweise eine zweite Generation bis September produzieren.

KUCKUCKSHUMMEL Die Bärtige Kuckuckshummel (*Bombus barbutellus*).

Diese Baumhummel sammelt Pollen und Nektar an Kiwiblüten im Garten.

Baumhummel

Bombus hypnorum (Linnaeus 1758)

AUSSEHEN Baumhummeln sind in der Größe sehr variabel (Arbeiterinnen: 8–18 mm; Königin: 17–20 mm; Männchen: 14–16 mm). Ihre typische Färbung macht sie unverwechselbar: Der Körper ist tiefschwarz, der Thorax trägt oberseits allerdings einen dichten kastanienbraunen Pelz. Der Hinterleib ist am Ende breit weiß behaart. Manchmal ist das Braun auf dem Thorax auch sehr dunkel, oder der Thorax ist sogar komplett schwarz.

NISTWEISE Baumhummeln nisten stets oberirdisch – in Baumhöhlen, Vogelnistkästen, Dachböden, Rollladenkästen, auch in Scheunen. Die Völker werden mit bis zu 400 Individuen sehr groß. Bei Störungen verteidigen die Arbeiterinnen das Nest energisch. Die Männchen schwärmen im Sommer vor dem Nesteingang und erwarten die Weibchen.

BLÜTENBESUCH Polylektisch. An Waldwegen häufig auf Brombeerblüten.

LEBENSRAUM UND FLUGZEIT Wälder, Waldränder, Parkanlagen, Ortschaften und Städte sind die Lebensräume dieser weit verbreiteten Art, die auch im Garten häufig zu sehen ist. Nestsuchende Königinnen erscheinen ab März, Männchen und Jungköniginnen im Juni/Juli. Expansive Art, die vom europäischen Festland aus im Jahr 2001 nach England vorgedrungen ist und bereits 2013 Schottland erreicht hat.

KUCKUCKSHUMMEL Die Norwegische Kuckuckshummel (*Bombus norvegicus*).

An Gewöhnlicher Ochsenzunge lässt sich die Bunthummel regelmäßig beobachten.

Bunthummel, Bunte Hummel

Bombus sylvarum (Linnaeus 1761)

AUSSEHEN 10–15 mm, Königinnen bis 18 mm. Bei der Bunthummel dominiert insgesamt eine gelblich weiße Behaarung. Mittig auf dem Thorax liegt ein großer rechteckiger schwarzer Bereich. Charakteristisch ist auch eine lockere orange Behaarung auf den letzten drei Hinterleibssegmenten. Kopf und Rüssel sind lang.

NISTWEISE Als Nistplätze können Mäusenester unter der Erde, aber auch Grasbüschel dienen. Das Volk erreicht eine Stärke von maximal 150 Individuen.

BLÜTENBESUCH Polylektisch. Bunthummeln erzeugen einen hohen Flugton und wirken stets rastlos und unruhig, wenn sie von Blüte zu Blüte fliegen. An Gewöhnlicher Ochsenzunge (*Anchusa officinalis*) sind sie sehr häufig zu beobachten.

LEBENSRAUM UND FLUGZEIT Weit verbreitet, aber im Norden recht selten. Häufiger im Süden und Osten – wie in und um Berlin – ist die Bunthummel auf Wiesen, vor allem aber an trockenwarmen Böschungen und auf Brachflächen, auch in Ortschaften, zu finden. Ihr früherer Name „Waldhummel" wird heute kaum mehr verwendet, da sie nicht im Wald vorkommt.
Nestsuchende Königinnen fliegen ab April, Männchen und Jungköniginnen erscheinen ab Juli.

KUCKUCKSHUMMEL Felsen- oder Rotschwarze Kuckuckshummel (*Bombus rupestris*).

Zwei dunkle Farbformen der Veränderlichen Hummel.

Veränderliche Hummel

Bombus humilis Illiger 1806

AUSSEHEN Arbeiterinnen 9–15 mm, Königinnen 16–18 mm, Männchen 12–14 mm lang. Wenn im Gelände sehr dunkle, fast vollständig schwarze Hummeln zu sehen sind, handelt es sich stets um die Veränderliche Hummel. Der Thorax kann schwarz, dunkel- oder hellbraun sein, der Hinterleib kann ebenfalls schwarz oder sogar hellgelb sein. Helle Farbformen können leicht mit Acker- oder Mooshummel verwechselt werden.

NISTWEISE Selten unterirdisch in Mäusenestern, meist unter Grasbüscheln oder Moospolstern an Wegrändern, auf Böschungen und Wiesen. Sie baut Nester aus trockenem Laub, Gras und Moos. Ein Volk kann bis zu 120 Individuen umfassen.

BLÜTENBESUCH Polylektisch.

LEBENSRAUM UND FLUGZEIT Weit verbreitet, im Nordwesten ist die Veränderliche Hummel aber sehr selten geworden. Sie ist auf Wiesen, Streuobstwiesen und Magerrasen zu finden, in Brandenburg zerstreut auf Sandtrockenrasen und ähnlichen trockenwarmen Lebensräumen, wo sie besonders intensiv die Blüten der Gewöhnlichen Ochsenzunge (*Anchusa officinalis*) besucht. Sie kann offenbar auch in Gärten auftauchen. Ab April begeben sich Königinnen auf Nistplatzsuche, ab Mitte Juli erscheinen Männchen und Jungköniginnen. Die Flugzeit endet im Oktober.

KUCKUCKSHUMMEL Feld-Kuckuckshummel (*Bombus campestris*).

Diese Arbeiterin sammelt an Rot-Klee (Schottland, Orkney-Inseln).

Mooshummel

Bombus muscorum (Linnaeus, 1758)

AUSSEHEN Arbeiterinnen 10–16 mm, Königinnen 17–19 mm, Männchen 13–15 mm lang. Die Mooshummel zählt mit ihren leuchtenden Farben zu unseren attraktivsten Hummeln: Der Thorax ist oberseits leuchtend orange behaart. Ansonsten trägt der gesamte Körper – bis auf das schwarze letzte Segment des Hinterleibs – einen hellgelben Pelz. Eine Verwechslung mit Ackerhummel und Veränderlicher Hummel ist möglich. Ein wichtiges Merkmal ist, dass auf dem Thorax keine schwarzen Haare zu finden sind.

NISTWEISE Mooshummeln nisten am Boden in Grasbüscheln, unter Moos oder im Sand von Küstendünen, aber auch hoch oben in Vogelnestern, Nistkästen oder an Häusern. Auf Störungen am Nest sollen sie aggressiv reagieren und sogar Vögel vertreiben.

BLÜTENBESUCH Polylektisch.

LEBENSRAUM UND FLUGZEIT Die Mooshummel ist sehr selten und stark gefährdet. Man findet sie vorwiegend im Offenland von Feuchtgebieten, in Niedermooren, feuchten Sandheiden und in Küstengebieten. Die Flugzeit reicht von April bis September, Jungköniginnen und Männchen erscheinen ab Juli. In Schottland fliegt auf den Äußeren Hebriden und Shetland eine eigene Unterart (ssp. *agricolae*), bei der die Behaarung auf dem Thorax tiefrot ist und in deutlichem Kontrast zur pechschwarzen Unterseite steht.

Eine Deichhummel an Rot-Klee (*Trifolium pratense*) auf den schottischen Orkney-Inseln.

Deichhummel

Bombus distinguendus Morawitz 1869

AUSSEHEN Die Deichhummel ist eine große, sehr hübsche und charakteristisch gefärbte Art. Arbeiterinnen werden 11–18 mm, Königinnen 19–22 mm und Männchen 14–16 mm lang. Der gesamte Körper ist goldgelb behaart, abgesehen von einem breiten schwarzen Streifen, der sich quer über den Thorax zieht. Der Rüssel ist sehr lang.

NISTWEISE Unterirdisch in Mäusenestern oder über der Erde in Grasbüscheln, Vogelnestern, sogar Scheunen und Ställen; gern in Deichen an der Küste.

BLÜTENBESUCH Polylektisch, vor allem an Rot-Klee und weiteren Schmetterlingsblütlern.

LEBENSRAUM UND FLUGZEIT Der Rückgang der Deichhummel hat sich in den letzten Jahrzehnten noch dramatischer vollzogen als bei der Mooshummel. Funde sind in Deutschland inzwischen große Glücksfälle. Chancen bestehen vor allem auf rotkleereichen Wiesen und Weiden, Rotkleeäckern und küstennahen Marschen, gelegentlich auch in lichten Wäldern. Die Königinnen erscheinen nach der Überwinterung erst spät, ab Mai. Ab August fliegen die Jungköniginnen aus. Dave Goulson beschreibt, wie die Deichhummel durch den Verlust blütenreichen Graslands innerhalb weniger Jahrzehnte aus fast ganz Großbritannien verschwunden ist und sich auf die nördlichsten Inseln und Küstengebiete Schottlands zurückgezogen hat.

Dieses Männchen beobachtet von seiner Warte aus aufmerksam die Umgebung.

Samthummel

Bombus confusus Schenck 1861

AUSSEHEN Die weiblichen Tiere der 12–20 mm großen Samthummel sind kaum von der Steinhummel und weiteren schwarz-roten Arten zu unterscheiden. Die Männchen allerdings zählen in Aussehen und Verhalten zu unseren bemerkenswertesten Hummeln: Die Haare auf dem Thorax sind gleichmäßig kurz und wirken dadurch samtartig. Die letzten drei Hinterleibssegmente sind rot. Die Komplexaugen der Männchen sind riesig. Mit ihnen beobachten sie von erhöhten Sitzwarten aus, die mit Duftstoffen markiert sind, die Umgebung und stürzen vorbeifliegenden Weibchen hinterher. Regelmäßig brechen sie zu schleifenartigen Flügen auf, geraten dabei oft in kurze Konflikte mit ihren Nachbarn und lassen sich erneut auf ihrer Warte nieder.

NISTWEISE In Bodenvertiefungen oder unterirdisch in Mäusenestern, kleine Völker. Offenbar liegen nur wenige Nestbeobachtungen vor.

BLÜTENBESUCH Polylektisch.

LEBENSRAUM UND FLUGZEIT Es existieren nur noch wenige bekannte Vorkommen mit Schwerpunkten in Baden-Württemberg, Bayern und Brandenburg. Die extrem seltene Art gilt in Deutschland als vom Aussterben bedroht. Sie ist auf trockenwarme Standorte (Binnendünen, Hänge und Kuppen, Weinbergbrachen) beschränkt. Jungköniginnen und Männchen erscheinen erst ab August.

Königin an Gelbem Eisenhut in den Berchtesgadener Alpen.

Eisenhuthummel

Bombus gerstaeckeri Morawitz 1882

AUSSEHEN Die Eisenhuthummel ist eine eindrucksvolle Erscheinung: Königinnen erreichen eine Größe von 20–26 mm, Arbeiterinnen 15–17 mm, Männchen 16–18 mm. Sie lässt sich leicht bestimmen: Der Kopf ist schwarz und außergewöhnlich lang – auch der Rüssel ist extrem lang (bis zu 23 mm bei den Königinnen). Der Thorax und das erste Hinterleibssegment sind struppig graugelb oder rotbraun behaart, das zweite und dritte Segment schwarz, das Körperende weiß.

NISTWEISE In Mäusenestern und Felsspalten. Das Volk erreicht eine Stärke von maximal 100 Individuen.

BLÜTENBESUCH Unsere einzige oligolektische Hummelart! Sie ist auf Eisenhutbestände angewiesen, und zwar auf eine Kombination des in der ersten Sommerhälfte blühenden Gelben Eisenhuts (*Aconitum lycoctonum*) und des später bis in den Herbst blühenden Blauen Eisenhuts (*A. napellus*).

LEBENSRAUM UND FLUGZEIT In Deutschland nur im bayerischen Alpenraum in Höhen von 800–2.500 m. Hier besiedelt die Eisenhuthummel lichte Wälder, Waldränder, Almen, Bachtäler und Geröllfelder, sofern Hochstaudenfluren mit Eisenhut vorhanden sind.
Erst ab Juni erscheinen die nestsuchenden Königinnen, Arbeiterinnen von Mitte Juli bis Ende Oktober, Männchen und Jungköniginnen fliegen erst im September/Oktober aus.

Eine Berglandhummel in den Berchtesgadener Alpen an Weißer Teufelskralle.

Berglandhummel

Bombus monticola Smith 1849

AUSSEHEN Die Königin wird 18–23 mm lang, Arbeiterinnen 9–16 mm, Männchen etwa 15 mm. Hinter dem Kopf trägt die schwarz gefärbte Berglandhummel einen hellgrauen Kragen. Auch der Hinterrand des Thorax ist v-förmig von recht langen hellgrauen Haaren gesäumt. Der Hinterleib ist oft schon vom zweiten Segment an hellrot oder orange behaart. Kopf und Rüssel sind kurz.

NISTWEISE Unterirdisch in Mäusenestern oder über der Erde in Baumhöhlen, Vogelnestern oder Gebäuden. Das Volk kann bis zu 120 Individuen umfassen.

BLÜTENBESUCH Polylektisch.

LEBENSRAUM UND FLUGZEIT In Deutschland nur im bayerischen Alpenraum in Höhen von 700–2.400 m, und zwar in lichten Gehölzbereichen. Hier ist sie entlang von Wanderwegen beispielsweise an Himbeerblüten manchmal zahlreich zu beobachten. Die Flugzeit erstreckt sich von Ende März, wenn die ersten nestsuchenden Königinnen erscheinen, bis Anfang September. Jungköniginnen und Männchen fliegen ab Anfang August aus. Die Berglandhummel ist boreoalpin verbreitet, man findet sie sowohl in den Alpen, Pyrenäen, Apenninen und auf dem Balkan als auch in Skandinavien und Großbritannien. Daher wird sie auch als „Nordische Hummel" bezeichnet.

KUCKUCKSHUMMEL Gelbliche Kuckuckshummel (*Bombus flavidus*).

Dieses Weibchen stärkt sich Anfang April mit dem Nektar von Weidenkätzchen.

Böhmische Kuckuckshummel

Bombus bohemicus (Seidl 1837)
Synonym: *Psithyrus bohemicus* (Seidl 1837)

AUSSEHEN Diese große Kuckuckshummel (23–25 mm) ähnelt einer Erdhummel – allerdings fehlt die gelbe Querbinde auf dem zweiten Hinterleibssegment. So ist das Weibchen bis auf den breiten hellgelben „Kragen" und das weiße Hinterende tiefschwarz gefärbt. Das wichtigste Merkmal von Kuckuckshummeln ist das Fehlen von Körbchenstrukturen an den Hinterbeinen, da sie selbst keinen Pollen sammeln. Die Hinterleibsspitze ist deutlich unter den Körper gekrümmt. Die einzelnen Arten sind oft schwer zu unterscheiden – der Böhmischen sehr ähnlich sind Gefleckte (*B. vestalis*), Norwegische (*B. norvegicus*) und Wald-Kuckuckshummel (*B. sylvestris*).

WIRT Helle Erdhummel (*Bombus lucorum*). Kuckuckshummeln finden die Wirtsnester über Duftspuren und verdrängen oder töten die Königin. Die vorangehenden Kämpfe mit den Arbeiterinnen können manchmal allerdings auch für die Kuckuckshummel tödlich enden. Bei erfolgreicher Übernahme ziehen die Arbeiterinnen fortan die Brut der Kuckuckshummel auf.

LEBENSRAUM UND FLUGZEIT Wie ihr Wirt ist die Böhmische Kuckuckshummel weit verbreitet und häufig. Ab April begeben sich die Weibchen auf die Suche nach Wirtsnestern. Von Juli bis September fliegen die dort herangezogenen Weibchen und Männchen aus.

Ein frisch geschlüpftes Männchen trinkt Anfang August Natternkopf-Nektar.

Feld-Kuckuckshummel, Acker-Kuckuckshummel

Bombus campestris (Panzer 1801)
Synonym: *Psithyrus campestris* (Panzer 1801)

AUSSEHEN 15–18 mm. Diese Art ist eine der wenigen leicht bestimmbaren Kuckuckshummeln. Von anderen häufigen Arten unterscheidet sie sich dadurch, dass sie keine weiß oder rot behaarten Hinterleibssegmente besitzt, sondern ausschließlich schwarz und gelb gefärbt ist. Der Thorax ist hinter dem Kopf gelb, dann breit schwarz, am Hinterrand wieder gelb behaart. Der Hinterleib ist zunächst schwarz, auf den Segmenten vier und fünf wieder deutlich gelb behaart. Bei den Männchen erscheint oft fast der gesamte Hinterleib gelb, nur von einer schwarzen Querbinde unterbrochen.

WIRTE Die Ackerhummel (*Bombus pascuorum*) ist der Hauptwirt. Die Feld-Kuckuckshummel kann aber auch die Nester der Veränderlichen Hummel (*B. humilis*), Obsthummel (*B. pomorum*), Wiesenhummel (*B. pratorum*) und Grashummel (*B. ruderarius*) übernehmen.

BLÜTENBESUCH Während die Weibchen im Frühjahr an Löwenzahn beobachtet werden können, dienen den auffälligen Männchen im Sommer oft Flockenblumen, Disteln und Natternkopf als Nektarquellen.

LEBENSRAUM UND FLUGZEIT Die Weibchen dieser verbreiteten und häufigen Art begeben sich erst ab Ende April auf Wirtsnestsuche. Im Juli und August kann man die frisch ausgeflogenen Weibchen und Männchen beobachten.

Eine Arbeiterin sammelt Pollen und Nektar an Apfelblüten.

Westliche Honigbiene

Apis mellifera Linnaeus 1758

AUSSEHEN Königinnen 15–18 mm, Arbeiterinnen 11–13 mm, Männchen (Drohnen) 13–18 mm. Die Arbeiterinnen sind an der dunklen graubraunen Färbung und den deutlichen, aber nicht scharf abgegrenzten hellen Hinterleibsbinden gut zu erkennen. Die ersten Hinterleibssegmente sind oft rötlich. Die Drohnen sind unmittelbar an den großen, sich auf dem Scheitel berührenden Komplexaugen zu identifizieren. Die Königin ist deutlich größer und hat einen auffallend lang gestreckten Hinterleib, in dem ihre großen Ovarien (Eierstöcke) liegen.

NISTWEISE Honigbienen nisten natürlicherweise in Baumhöhlen und Felsspalten. Sie bauen senkrecht hängende Waben aus Wachs mit sechseckigen Zellen auf beiden Seiten. Während die Königin in die Brutzellen täglich bis zu 2.000 Eier legt, werden alle übrigen Tätigkeiten von den bis zu 50.000 Arbeiterinnen durchgeführt, die im Laufe ihres vier bis sechs Wochen währenden Lebens verschiedene Phasen (Putzbiene, Ammenbiene, Wächterin, Sammelbiene) durchlaufen. In einem Teil der Zellen werden Pollen oder Honig als Vorrat gelagert. Zellen mit Königinnenlarven sind außergewöhnlich groß und tropfenförmig (Weiselzellen). Die Vermehrung der Völker erfolgt über Schwarmbildung: Bevor neue Königinnen im Frühjahr schlüpfen, stellt die alte Königin die Eiablage ein und schwärmt mit einem Teil des Volkes

Eine Schwarmtraube Anfang Juni im Garten.

aus. Diese Bienen sammeln sich meist an einem Baum in einer Traube. Spurbienen suchen nun nach einem neuen, geeigneten Nisthohlraum in der Umgebung. Den Winter überstehen etwa 20.000 Arbeiterinnen, die in dieser Phase fünf bis sechs Monate alt werden können, mithilfe ihrer Honigvorräte im Stock gemeinsam mit ihrer Königin in einer Wintertraube.

BLÜTENBESUCH Polylektisch. Richtung und Entfernung ergiebiger Nahrungsquellen werden den anderen Arbeiterinnen im Stock durch den „Schwänzeltanz" präzise übermittelt. Honigbienen nutzen gute Nahrungsplätze so lange, bis diese erschöpft sind (Blütenstetigkeit). Honig entsteht dadurch, dass die Bienen Nektar und auch die Honigtauausscheidungen von Baumläusen mehrfach mit Enzymen und weiteren Stoffen versetzen und durch Verdunstung eindicken.

LEBENSRAUM UND FLUGZEIT Ursprüngliche Wildpopulationen der Honigbiene (Dunkle Europäische Honigbiene, *Apis mellifera mellifera*) existieren in Deutschland nicht mehr. Imker halten meist Bienen der Unterart *Apis mellifera carnica* („Kärntner Biene"). Die Honigbiene ist heute ein reines Nutztier, in allen Lebensräumen im Prinzip ganzjährig zu finden. Drohnen erfüllen ihre Rolle im Sommer („Hochzeitsflug") und werden später aus dem Stock entfernt („Drohnenschlacht").

Der Autor

Dr. Hannes Petrischak, Jahrgang 1973, begeistert sich seit frühester Kindheit für alle Zusammenhänge in der Natur, insbesondere für Insekten. Nach seinem Biologie-Studium in Kiel spürte er Schmetterlingen im Regenwald Costa Ricas nach und gewann damit tiefe Einblicke in die Artenfülle der Tropen. Als Geschäftsführer der Stiftung Forum für Verantwortung engagierte er sich viele Jahre lang ganz besonders für nachhaltige Entwicklung: Neben dem Klimaschutz zählt der Erhalt der Artenvielfalt zu den wichtigsten Voraussetzungen dafür, dass wir unsere eigenen Lebensgrundlagen auf der Erde bewahren können. Das Verständnis der Erde als System und die Veränderungen dieses Systems durch den Menschen treiben ihn seit dieser Tätigkeit im Saarland unvermindert um. Dort faszinierte ihn außerdem auf seinen Streifzügen durch die wärmebegünstigten Regionen an Mosel, Saar und Blies die fast mediterrane Vielfalt der Insekten, darunter Goldene Scheckenfalter, Gottesanbeterinnen und – Wildbienen. So konnte er im eigenen Garten die Efeu-Seidenbiene für das Saarland nachweisen. Seit 2016 leitet Hannes Petrischak den Geschäftsbereich Naturschutz der Heinz Sielmann Stiftung, setzt sich vor allem auf den großen stiftungseigenen Flächen in Brandenburg für den Schutz von Lebensräumen und Arten ein und nutzt die außergewöhnlichen Sand- und Heidelandschaften für immer neue Entdeckungen. Die Kamera legt er dabei selten aus der Hand, denn jederzeit kann auf der nächsten Blüte das nächste Highlight warten…

Dank

Porträt eines Samthummel-Männchens (*Bombus confusus*) auf seiner Sitzwarte.

Dr. Paul Westrich hat mit seiner jahrzehntelangen Arbeit und seinen prachtvollen Publikationen mittlerweile wohl ganze Generationen von Wildbienenfreunden und -forschern beflügelt. Er hat auch mir bei speziellen Fragen immer wieder Auskunft gegeben und bei Bestimmungen geholfen. In meiner Zeit im Saarland (2006–2016) konnte ich auch auf die Auskünfte von Dr. Emil Weigand bauen. Rainer Ulrich entdeckte völlig unerwartet ein Vorkommen der Schwarzen Mörtelbiene im Saarland und führte mich zum Fundort. Dr. Daniel Rolke (Landesamt für Umweltschutz) verschaffte mir in Sachsen-Anhalt auf gemeinsamen Touren Zugang zur Roten Fingerkraut-Sandbiene und zur Salz-Buntbiene. Jan Haft unterstützte mich in den Alpen tatkräftig bei der Suche nach der Eisenhuthummel. Die Kollegen der Heinz Sielmann Stiftung, insbesondere Ralf Donat, Jörg Fürstenow, Tim Funkenberg und Dr. Jörg Müller, halfen mit ihren großen Kenntnissen in vielfältiger Weise bei der Suche nach den idealen Fotomotiven. Herausragend war die Unterstützung von Dr. Christoph Saure, der mich an seiner jahrzehntelangen Kartiererfahrung teilhaben ließ, mir die Flugplätze mehrerer sehr seltener Arten (Mohnbiene, Kleine Spiralhornbiene, Ochsenzungen-Seidenbiene, Samthummel und viele weitere) verriet und das Manuskript durch zahllose Insiderinformationen bereicherte. Monika Weymann führte das Buch als Lektorin mit großem Einsatz über die Ziellinie. Für all dies bin ich sehr dankbar – und für die unfassbare Geduld meiner Frau.

Zum Weiterlesen

Amiet, Felix/Krebs, Albert:
Bienen Mitteleuropas, 2012.

Bellmann, Heiko:
Bienen, Wespen, Ameisen, 3. Aufl., 2017.

Falk, Steven/Lewington, Richard:
Field Guide to the Bees of Great Britain and Ireland, 2015.

Gokcezade, Joseph F./Gereben-Krenn, Barbara-Amina/Neumayer, Johann:
Feldbestimmungsschlüssel für die Hummeln Deutschlands, Österreichs und der Schweiz, 2017.

Goulson, Dave:
Und sie fliegt doch. Eine kurze Geschichte der Hummel, 2016.

Goulson, Dave:
Die seltensten Bienen der Welt. Ein Reisebericht, 2017.

Hagen, Eberhard von/Aichhorn, Ambros:
Hummeln, 6. Aufl., 2014.

Hintermeier, Helmut & Margrit:
Bienen, Hummeln, Wespen im Garten und in der Landschaft, 8. Aufl., 2017.

Ohl, Michael:
Stachel und Staat. Eine leidenschaftliche Naturgeschichte von Bienen, Wespen und Ameisen, 2018.

Orlow, Melanie von:
Mein Insektenhotel. Wildbienen, Hummeln & Co. im Garten, 2. Aufl., 2015.

Scheuchl, Erwin/Willner, Wolfgang:
Taschenlexikon der Wildbienen Mitteleuropas, 2016.

Voskuhl, Janina/Zucchi, Herbert:
Wildbienen in der Stadt: entdecken, beobachten, schützen, 2020.

Westrich, Paul:
Die Wildbienen Deutschlands, 2. Aufl., 2019.

Westrich, Paul:
Wildbienen – Die anderen Bienen, 5. Aufl., 2015.

Vereecken, Nicolas:
Wildbienen entdecken & schützen, 2019.

Wiesbauer, Heinz:
Wilde Bienen. Biologie – Lebensraumdynamik am Beispiel Österreichs – Artenporträts, 2. Aufl., 2020.

Witt, Rolf:
Falt-Flyer: **Plüschbrummer – Die Hummeln Deutschlands**, 2. Aufl., 2019;
Wildbienen & Wespen in Nisthilfen, 6. Aufl., 2019.

Impressum

Internetseiten:

wildbienen.info: Paul Westrich stellt hier unter anderem Foto-Galerien, Steckbriefe, Feldtagebücher und die wissenschaftliche Zeitschrift „Eucera" bereit.

wildbienen.de: Steckbriefe zu sehr vielen Arten, mit einer Fülle an Fotos.

wildbienen-kataster.de: bietet unter anderem Arteninfos mit Verbreitungskarten und die Flyer zur „Wildbiene des Jahres".

ampulex.de: „Ampulex" ist eine wissenschaftliche Online-Zeitschrift zu Hautflüglern.

Umschlaggestaltung von Büro Jorge Schmidt unter Verwendung. eines Farbfotos von Hannes Petrischak.
Das Covermotiv zeigt eine Garten-Wollbiene
Gestaltung der Klappen von Populärgrafik

Mit 168 Farbfotos von Hannes Petrischak
Alle Fotos auf den hinteren Klappen von Tim Funkenberg.

ISBN: 978-3-440-16893-6
Redaktion: Monika Weymann
Layout: Peter Schmidt Group
Gestaltung und Satz: Populärgrafik Stuttgart
Produktion: Markus Schärtlein
Druck und Bindung: Westermann Druck, Zwickau
Printed in Germany / Imprimé en Allemagne

FSC www.fsc.org MIX Papier | Fördert gute Waldnutzung FSC® C110508

Artenregister

Nisthilfen für Wildbienen

Einfache Nisthilfen für Hohlraumbewohner

MATERIAL

- Bambusstöcke mit einem Innendurchmesser von 2–9 mm (alternativ Schilf)
- eine leere mindestens 11 cm hohe Konservendose
- ein Stück biegsamer Spanndraht
- ein Stück dünner, stabiler Draht
- Kombizange, Zollstock, Bleistift, feine Säge
- 15 cm dickes, unbehandeltes Hartholzscheit (z.B. Robinie, Buche, Eiche)
- Bohrmaschine mit Holzbohrer-Set
- Schleifpapier

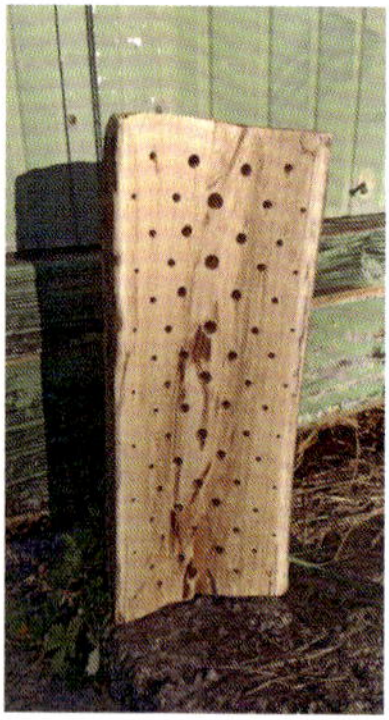

SO WIRD'S GEMACHT Die Bambusstöcke (möglichst mit Stängelknoten am unteren Ende) abmessen und auf die Länge der Konservendose zurechtsägen. Anschließend das eventuell noch vorhandene Mark in den Röhrchen mit dem dünnen, stabilen Draht zusammendrücken. Die zurechtgeschnittenen Bambusröhrchen mit dem verschlossenen Ende voran in die Konservendose stecken. Dort werden die Röhrchen so eng wie möglich gebündelt, sodass sie nicht herausfallen können.
Um die Konservendose waagerecht an einem sonnigen, regengeschützten Platz aufhängen zu können, den Spanndraht doppelt um das hintere Ende der Dose wickeln und mit Hilfe der Kombizange verdrehen, um ihn festzuzurren. Formt man nun eine Schlaufe, kann man die Nisthilfe mit einer Schraube an einer südlich exponierten Hauswand befestigen.

Eine weitere Möglichkeit besteht darin, in ein Hartholzscheit mit Hilfe eines Holzbohrers Löcher zu bohren. Diese sollten einen Durchmesser von 3-8 mm aufweisen und mindestens 10-mal so tief wie ihr Durchmesser sein. Dabei nie ins Stirnholz, sondern immer ins Längsholz bohren und die Eingänge mit Schleifpapier von Holzsplittern befreien. In größerem Stil lassen sich verschiedene Elemente gut in einem überdachten Bauwerk kombinieren. Ein Schutzgitter (Kaninchendraht) sollte in einigem Abstand vor den Nisthilfen hungrige Vögel fernhalten.

Achtsam leben

ANGELIKA HOLDAU

Frei im Kopf

Die geistige Bremse lösen

SCORPIO

Angelika Holdau ist Heilpraktikerin für Psychotherapie mit eigener Praxis in München und u. a. ausgebildet in tiefenpsychologisch fundierter Körperpsycho- und Traumatherapie, kreativer Tanz- und Ausdruckstherapie sowie achtsamkeitsorientierten Methoden. Im Mittelpunkt ihrer Arbeit stehen Entwicklungstraumata. Darüber hinaus ist sie als freie Journalistin und Redakteurin tätig.
www.praxis-angelika-holdau.de

Dieses Buch erschien bereits 2016 unter dem Titel *Endlich frei im Kopf* in der Reihe »Leichter leben« im Scorpio Verlag und wurde für diese Ausgabe inhaltlich aktualisiert und überarbeitet.

MIX
Papier aus verantwortungsvollen Quellen
FSC® C014889
FSC
www.fsc.org

Der Umwelt zuliebe
- produzieren wir zu über 90 % in Deutschland
- achten wir auf kurze Transportwege
- drucken wir auf Papier aus verantwortungsvollen Quellen

Umschlaggestaltung: Hauptmann & Kompanie Werbeagentur, Zürich
Lektorat: Julia Feldbaum, Angela Hermann-Heene
Layout und Satz: Margarita Maiseyeva
Druck und Bindung: Pustet, Regensburg
ISBN 978-3-95803-565-2